수학 영역

KB260524

빠른 정답

[공통]

1	①	2	③	3	①	4	④	5	⑤
6	④	7	④	8	①	9	⑤	10	②
11	③	12	③	13	②	14	①	15	✕
16	15	17	7	18	8	19	60	20	3
21	13	22	✕						

확률과 통계

23	③	24	②	25	④	26	⑤	27	④
28	①	29	186	30	✕				

미적분

23	③	24	①	25	④	26	⑤	27	③
28	③	29	135	30	✕				

해설

1. 정답 ①

$\log_2 3 \times \log_9 4 \times 2^{\log_2 3}$

$= \log_2 3 \times \log_{3^2} 2^2 \times 3^{\log_2 2} = 3$

2. 정답 ③

$f'(x) = 4x^3 + 8x$ 이므로 $f'(1) = 4 + 8 = 12$

3. 정답 ①

등비수열의 첫째항을 a, 공비를 r 라 하면

$ar^5 = 9ar^3$ 이므로 $r^2 = 9$

모든 항이 양수이므로 $r = 3$

$$ar^2 + 8 = ar^4$$

$9a + 8 = 81a$ 이므로

$$a_1 = a = \frac{1}{9}$$

4. 정답 ④

$\lim\limits_{x \to 0+} f(x) = 0$, $\lim\limits_{x \to 1-} f(x) = 2$ 이므로

$\lim\limits_{x \to 0+} f(x) + \lim\limits_{x \to 1-} f(x) = 0 + 2 = 2$

5. 정답 ⑤

$\sin\left(\dfrac{\pi}{2} + \theta\right) + \cos(2\pi - \theta) = \cos\theta + \cos\theta = 2\cos\theta = \dfrac{6}{5}$

6. 정답 ④

$g(2) = -2f(2) = -2$

$g'(x) = (2x - 3)f(x) + (x^2 - 3x)f'(x)$

$g'(2) = f(2) - 2f'(2) = -3$

따라서 함수 $y = g(x)$의 그래프 위의

점 $(2,\ -2)$에서의 접선의 방정식은

$y = -3(x - 2) - 2$ 이므로 이 접선의 y절편은 4

7. 정답 ④

$\dfrac{1}{(2k+1)(2k+3)} = \dfrac{1}{2}\left(\dfrac{1}{2k+1} - \dfrac{1}{2k+3}\right)$ 이므로

$\displaystyle\sum_{k=1}^{15} \dfrac{a}{(2k+1)(2k+3)}$

$= \displaystyle\sum_{k=1}^{15} \left\{ \dfrac{a}{2}\left(\dfrac{1}{2k+1} - \dfrac{1}{2k+3}\right)\right\}$

$= \dfrac{a}{2}\left\{\left(\dfrac{1}{3} - \dfrac{1}{5}\right) + \left(\dfrac{1}{5} - \dfrac{1}{7}\right) + \left(\dfrac{1}{7} - \dfrac{1}{9}\right) + \cdots + \left(\dfrac{1}{31} - \dfrac{1}{33}\right)\right\}$

$= \dfrac{a}{2}\left(\dfrac{1}{3} - \dfrac{1}{33}\right) = \dfrac{5}{33}a$

$\displaystyle\sum_{k=1}^{15} \dfrac{a}{(2k+1)(2k+3)} = \dfrac{5}{3}$ 이므로 $\dfrac{5}{33}a = \dfrac{5}{3}$

따라서 $a = 11$

8. 정답 ①

$\displaystyle\int_a^x f(t)\,dt = x^3 - x^2 + x - 6$에서 양변에 $x = a$를 대입하면

$0 = a^3 - a^2 + a - 6, \quad (a-2)(a^2 + a + 3) = 0$

a는 실수이므로 $a = 2$

따라서 $\displaystyle\int_a^x f(t)\,dt = x^3 - x^2 + x - 6$의 양변을 x에 대하여

미분하면 $f(x) = 3x^2 - 2x + 1$이므로 $f(a) = f(2) = 9$

9. 정답 ⑤

$f(x+2) - f(2) = x\displaystyle\int_x^{x+1} (at^2 + 1)\,dt$

의 양변을 x로 나눈 후 $g(t) = at^2 + 1$이라 하면

$\dfrac{f(x+2) - f(2)}{x} = \displaystyle\int_x^{x+1} g(t)\,dt$

$g(t)$의 한 부정적분을 $G(t)$라 하면

$\dfrac{f(x+2) - f(2)}{x} = G(x+1) - G(x)$

이고 양변에 극한을 취하면

$\displaystyle\lim_{x \to 0} \dfrac{f(x+2) - f(2)}{x} = G(1) - G(0)$

$f'(2) = \displaystyle\int_0^1 (at^2 + 1)\,dt = \dfrac{1}{3}a + 1 = 4$

따라서 $a = 9$

10. 정답 ②

$\cos x = t$라 하면 $0 \le x \le 2\pi$일 때 $-1 \le t \le 1$이고
주어진 방정식은

$$t^2 - 2kt + k = 0, \quad t^2 = 2k\left(t - \dfrac{1}{2}\right)$$

$0 \le x \le 2\pi$일 때 주어진 방정식 $\cos^2 x - 2k\cos x + k = 0$의
서로 다른 실근의 개수가 4가 되려면

$-1 < t \le 1$일 때 두 함수 $y = t^2$, $y = 2k\left(t - \dfrac{1}{2}\right)$의

그래프가 서로 다른 두 점에서 만나야 한다.

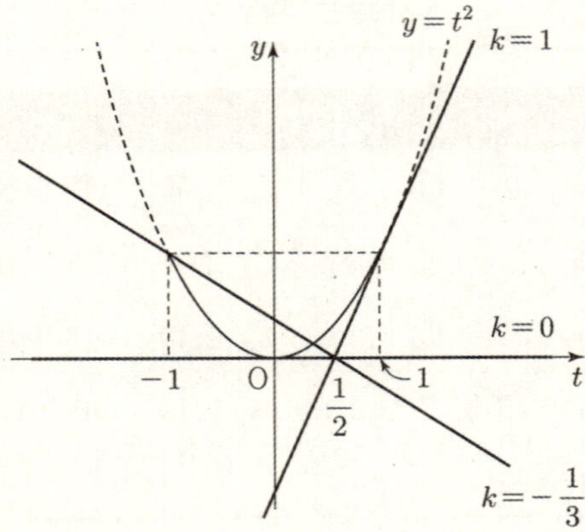

이때, $t^2 = 2kt - k$에서 이차방정식 $t^2 - 2kt + k = 0$의

판별식을 D라 하면 $\dfrac{D}{4} = k^2 - k = 0$에서

$k = 0$ 또는 $k = 1$이므로

함수 $y = t^2$의 그래프와 직선 $y = 2k\left(t - \dfrac{1}{2}\right)$은

$k = 0$ 또는 $k = 1$일 때 접한다.

$k > 1$ 이면 실근의 개수는 2개이고,

$0 < k < 1$에서는 실근이 존재하지 않으며

$-\dfrac{1}{3} > k$에서는 실근의 개수가 2개이다.

따라서 $-\dfrac{1}{3} < k < 0$이므로 $\alpha + \beta = -\dfrac{1}{3}$

11. 정답 ③

$f(x) = (x - a_2)(x - a_3)(x - a_4)$에서

$f'(x) = (x - a_2)(x - a_3) + (x - a_3)(x - a_4) + (x - a_4)(x - a_2)$

이다.

$\displaystyle\lim_{t \to a_k} \dfrac{f(t) - f(a_k)}{t - a_k} = f'(a_k)$이다.

즉, $g(x) = \displaystyle\sum_{k=1}^{x} f'(a_k)$이다.

$g(5) = \displaystyle\sum_{k=1}^{5} f'(a_k)$

$\quad = f'(a_1) + f'(a_2) + f'(a_3) + f'(a_4) + f'(a_5)$

$f'(a_1) = 11d^2, \quad f'(a_2) = 2d^2, \quad f'(a_3) = -d^2$

$f'(a_4) = 2d^2, \quad f'(a_5) = 11d^2$

이므로

$g(5) = 25d^2 = 625$

$d^2 = 25, \quad d = 5$ 이다.

$$f'(a_6) = 26d^2$$
$$g(6) = g(5) + f'(a_6) = 51d^2 = 1275$$
$$\therefore\ g(d+1) - d^2 = g(6) - 25 = 1275 - 25 = 1250$$

12. 정답 ③

다항함수 $f(x)$는 실수 전체의 집합에서 미분가능하므로
$$\lim_{h \to 0} \frac{f(x+h)f(h) - f(x)f(h)}{h^2}$$
$$= \lim_{h \to 0} \left\{ \frac{f(x+h) - f(x)}{h} \times \frac{f(h)}{h} \right\}$$
$$= \lim_{h \to 0} \frac{f(x+h) - f(x)}{h} \times \lim_{h \to 0} \frac{f(h)}{h}$$
$$= f'(x) \times f'(0)$$
즉, 모든 실수 x에 대하여
$$f'(x) \times f'(0) = 16x^3 - 12x^2 + 4x + 4$$
에서 우변은 x에 대한 삼차식이고 $f(0) = 0$ 이므로
$f(x) = ax^4 + bx^3 + cx^2 + dx$ (a, b, c, d는 상수, $a > 0$)라 하면
$$(4ax^3 + 3bx^2 + 2cx + d) \times d = 16x^3 - 12x^2 + 4x + 4 \quad \cdots\cdots \ \bigcirc$$
이때 $\bigcirc$은 x에 대한 항등식이므로
$4ad = 16$, $3bd = -12$, $2cd = 4$, $d^2 = 4$에서
$a > 0$ 이고, $ad = 4$ 이므로 $d > 0$
$a = 2$, $b = -2$, $c = 1$, $d = 2$
따라서 $f(x) = 2x^4 - 2x^3 + x^2 + 2x$이므로
$$f(2) = 32 - 16 + 4 + 4 = 24$$

13. 정답 ②

$\overline{BC} = 9$이고 $\overline{BC} = 3\overline{QC}$ 이므로
$$\overline{CQ} = \overline{CP} = 3, \quad \overline{BP} = 6$$
$\angle CPQ = \angle CQP = \alpha$ 라 하면 접선과 현이 이루는 각의
성질에 의하여 $\angle PRQ = \alpha$ 이고 $\angle BPR = \beta$ 라 하면
삼각형 BPR에서 내각과 외각의 크기 관계에서
$\angle RBP + \angle RPB = \angle PRQ$ 이므로 $\angle RBP = \alpha - \beta$
따라서
$$\angle RPQ - \angle RBP = (\pi - \alpha - \beta) - (\alpha - \beta) = \pi - 2\alpha$$
이므로 $\angle RPQ - \angle RBP = \angle C$

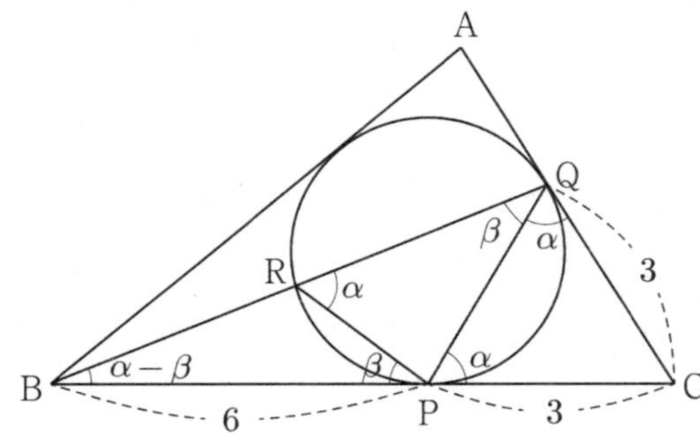

삼각형 QBC에서 코사인법칙에 의하여
$$\overline{BQ} = \sqrt{9^2 + 3^2 - 2 \times 9 \times 3 \times \frac{3}{5}} = \sqrt{\frac{288}{5}}$$
삼각형 QBP와 PBR이 닮음이므로
$$\overline{BR} \times \overline{BQ} = \overline{BP}^2 = 36$$
따라서 삼각형 BPR의 넓이는
삼각형 BPQ의 넓이의 $\dfrac{\overline{BR}}{\overline{BQ}} = 36 \times \left(\dfrac{1}{\overline{BQ}} \right)^2$ 배이고

삼각형 BPQ의 넓이는 삼각형 BCQ의 넓이의 $\dfrac{2}{3}$ 배이므로
$$\left(\frac{1}{2} \times 9 \times 3 \times \frac{4}{5} \right) \times \frac{2}{3} = \frac{54}{5} \times \frac{2}{3} = \frac{36}{5}$$
따라서 삼각형 BPR의 넓이는
$$\frac{36}{5} \times 36 \times \left(\frac{1}{\overline{BQ}} \right)^2 = \frac{36}{5} \times 36 \times \frac{5}{288} = \frac{9}{2}$$

14. 정답 ①

$f(x) = x^3 - ax + 2$ 에서 $f'(x) = 3x^2 - a$ 이고
주어진 조건에 의하여
방정식 $f(x) - 4 = 0$ 즉, $x^3 - ax - 2 = 0$의 서로 다른
실근의 합은 1이다.
삼차방정식의 세 실근을 α, β, γ ($\alpha \le \beta \le \gamma$)라고 하면
다음과 같은 경우가 가능하다.
(ⅰ) $\alpha < \beta < \gamma$인 경우
  $\alpha + \beta + \gamma = 0$이므로 조건을 만족시키지 못한다.
(ⅱ) $\alpha = \beta = \gamma$인 경우
  $\alpha = 1$이고 이를 삼차방정식에 대입하면
  $1 - a - 2 = 0$이므로 $a = -1$이다.
  따라서 $a > 0$이라는 조건을 만족시키지 못한다.
(ⅲ) $\alpha < \beta = \gamma$인 경우
  $$f(x) - 4 = (x - \alpha)(x - \beta)^2$$
  $\alpha + \beta = 1$이므로
  $$f(x) - 4 = (x - \alpha)(x + \alpha - 1)^2$$
  양변에 $x = 0$을 대입하면
  $$-2 = -\alpha(\alpha - 1)^2$$
  $$(1 + \alpha^2)(\alpha - 2) = 0 \quad \therefore\ \alpha = 2$$
  이때 $\beta = -1$이므로 $\alpha < \beta = \gamma$라는 조건을
  만족시키지 못한다.
(ⅳ) $\alpha = \beta < \gamma$인 경우
  $$f(x) - 4 = (x - \alpha)^2 (x - r)$$
  $\alpha + \gamma = 1$이므로
  $$f(x) - 4 = (x - \alpha)^2 (x + \alpha - 1)$$
  양변에 $x = 0$을 대입하면
  $$-2 = \alpha^2 (\alpha - 1)$$
  $$(\alpha + 1)(\alpha^2 - 2\alpha + 2) = 0 \quad\quad \therefore\ \alpha = -1$$
  이때 $\gamma = 2$이므로 $\alpha < \beta = \gamma$라는 조건을 만족시킨다.

$$\therefore \ f(x)=(x-2)(x+1)^2+4=x^3-3x+2$$

이때 $a=3$ 이므로 $a>0$ 이라는 조건도 만족시킨다.

(i) ~ (iv)에 의하여

$$f(x)=x^3-3x+2$$

이다.

$g'(x)=f(x)+\dfrac{2}{3}f'(x)=0$ 에서

$$x^3+2x^2-3x=0, \quad x(x-1)(x+3)=0$$

따라서 방정식 $g'(x)=0$ 의 근은

$x=-3$ 또는 $x=0$ 또는 $x=1$

이므로 함수 $g(x)$ 의 증가와 감소를 표로 나타내면
다음과 같다.

x	$\cdots$	-3	$\cdots$	0	$\cdots$	1	$\cdots$
$g'(x)$	$-$	0	$+$	0	$-$	0	$+$
$g(x)$	$\searrow$	$g(-3)$	$\nearrow$	$g(0)$	$\searrow$	$g(1)$	$\nearrow$

함수 $g(x)$ 는 $x=0$ 에서 극대이고 $x=-3$, $x=1$ 에서
극소이다.

$$g(x)=\int_1^x \left\{f(t)+\frac{2}{3}f'(t)\right\}dt$$

$$=\int_1^x (t^3+2t^2-3t)\,dt$$

$$=\left[\frac{1}{4}t^4+\frac{2}{3}t^3-\frac{3}{2}t^2\right]_1^x$$

$$=\frac{1}{4}x^4+\frac{2}{3}x^3-\frac{3}{2}x^2+\frac{7}{12}$$

$$=\frac{1}{12}\left(3x^4+8x^3-18x^2+7\right)$$

이때 $g(-3)<0$, $g(0)>0$, $g(1)=0$ 이므로 함수
$y=g(x)$ 의 그래프의 개형은 다음과 같다.

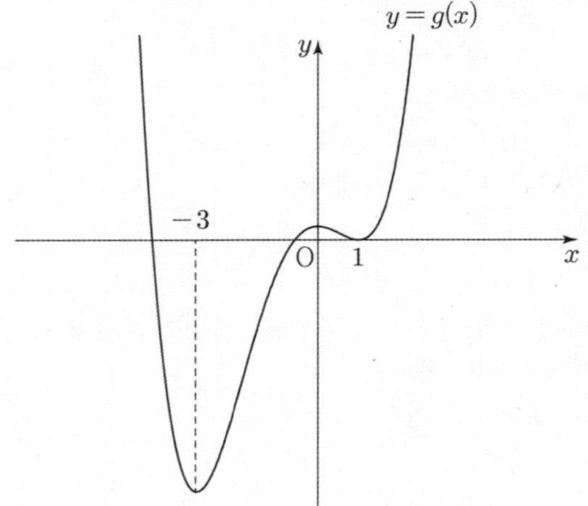

$$\frac{1}{12}\left(3x^4+8x^3-18x^2+7\right)=0$$

$3x^4+8x^3-18x^2+7=0, \quad (x-1)^2\left(3x^2+14x+7\right)=0$

에서 이차방정식 $3x^2+14x+7=0$ 의 두 근을 $x_1,\ x_2$ 라 하면
$|g(x)|$ 의 그래프는 $x=x_1, x_2$ 에서 미분 불가능하고

$$x_1+x_2=-\frac{14}{3}$$

따라서 함수 $h(s)$ 가 불연속이 되는 모든 α 의 값의 합은
$|g(x)|$ 의 그래프가 미분 불가능한 모든 점의 x 좌표의
합이므로

$$-\frac{14}{3}$$

15.

16. 정답 15

부등식 $\log_3(x-4)<4\log_9 4$ 에서

진수 조건에 의하여 $x-4>0, \ x>4$ $\qquad\cdots\cdots$ ㉠

$$\log_3(x-4)<2\log_3 4$$

$$\log_3(x-4)<\log_3 16$$

$$x-4<16, \ x<20 \qquad\cdots\cdots ㉡$$

㉠, ㉡에서 $4<x<20$

따라서 자연수 x 는 $5, 6, 7, \cdots, 19$ 이고 그 개수는 15 이다.

17. 정답 7

$\displaystyle\lim_{x\to 1}\frac{f(x)}{x^3-1}=3$ 에서

$$\lim_{x\to 1}\frac{f(x)}{x-1}$$

$$=\lim_{x\to 1}\left\{\frac{f(x)}{x^3-1}\times (x^2+x+1)\right\}$$

$$=\lim_{x\to 1}\frac{f(x)}{x^3-1}\times \lim_{x\to 1}(x^2+x+1)$$

$$=3\times 3=9$$

따라서

$$\lim_{x\to 1}\frac{f(x)-x^2+1}{x-1}$$

$$=\lim_{x\to 1}\frac{f(x)-(x+1)(x-1)}{x-1}$$

$$=\lim_{x\to 1}\frac{f(x)}{x-1}-\lim_{x\to 1}\frac{(x+1)(x-1)}{x-1}$$

$$=\lim_{x\to 1}\frac{f(x)}{x-1}-\lim_{x\to 1}(x+1)$$

$$=9-2=7$$

18. 정답 8

$$\int_{-2}^{x} f(t)dt = x^4 - 3ax^2 + bx \qquad \cdots\cdots \bigcirc$$

$\bigcirc$의 양변에 $x=-2$을 대입하면

$0 = 16 - 12a - 2b,\ 6a + b = 8$

$\bigcirc$의 양변을 x에 대하여 미분하면

$f(x) = 4x^3 - 6ax + b$

$f(1) = 0$에서 $4 - 6a + b = 0,\ 6a - b = 4$

$$\begin{cases} 6a + b = 8 \\ 6a - b = 4 \end{cases}$$

를 연립하여 풀면 $a=1,\ b=2$

$$\int_a^b f(x)dx = \int_1^2 (4x^3 - 6x + 2)dx$$
$$= \left[x^4 - 3x^2 + 2x \right]_1^2$$
$$= 8 - 0 = 8$$

19. 정답 60

두 함수 그래프의 교점의 x좌표는 방정식

$2\sin^2 x = 3\cos x$ 의 해가 된다.

$$2(1 - \cos^2 x) = 3\cos x$$
$$2\cos^2 x + 3\cos x - 2 = 0,\ (\cos x + 2)(2\cos x - 1) = 0$$

$-1 \le \cos x \le 1$이므로 $\cos x = \dfrac{1}{2}$ 이다.

$0 \le x \le 2\pi$이므로 $x = \dfrac{\pi}{3}$ 또는 $x = \dfrac{5\pi}{3}$ 이다.

따라서 $A\left(\dfrac{\pi}{3}, \dfrac{3}{2}\right)$, $B\left(\dfrac{5}{3}\pi, \dfrac{3}{2}\right)$이므로

삼각형 OAB의 넓이 S는

$$S = \frac{1}{2} \times \overline{AB} \times \frac{3}{2} = \frac{1}{2} \times \frac{4\pi}{3} \times \frac{3}{2} = \pi$$

이므로

$$60 \times \frac{S}{\pi} = 60 \times \frac{\pi}{\pi} = 60$$

20. 정답 3

함수 $f(x)$가 $x=1$에서 연속이므로

$$\lim_{x \to 1-} (-3x + 3) = f(1)$$
$$0 = f(1) = a + b$$

따라서 $b = -a$

$$\lim_{h \to 0} \frac{f(m + mh) - f(m - mh)}{h} = f(m)$$ 을 만족하는

m 의 값을 조사해보자.

(i) $m = 0$일 때, $\displaystyle\lim_{h \to 0} \frac{0}{h} = 0$, $f(0) = 3$이므로 성립하지

않는다.

(ii) $m < 0$ 또는 $0 < m < 1$일 때

$$\lim_{h \to 0} \frac{f(m + mh) - f(m - mh)}{h} = 2mf'(m) = -6m$$
$$f(m) = -3m + 3$$

이므로 $-6m = -3m + 3$을 만족하는 m 의 값은

$m = -1$

(iii) $m > 1$일 때

$$\lim_{h \to 0} \frac{f(m + mh) - f(m - mh)}{h}$$
$$= 2mf'(m) = 4ma(m - 2)$$
$$f(m) = a(m - 2)^2 - a$$

이므로

$$4ma(m - 2) = a(m - 2)^2 - a$$

$a \ne 0$이므로

$$3m^2 - 4m - 3 = 0$$
$$m = \frac{2 \pm \sqrt{13}}{3}$$

$m > 1$이므로 $m = \dfrac{2 + \sqrt{13}}{3}$

(i)~(iii)에서 $m \ne 1$인 m 의 개수가 2이므로

$m = 1$ 도

$$\lim_{h \to 0} \frac{f(m + mh) - f(m - mh)}{h} = f(m)$$ 을 만족시켜야 한다.

$$\lim_{h \to 0} \frac{f(1 + h) - f(1 - h)}{h}$$
$$= \lim_{h \to 0} \left\{ \frac{f(1 + h) - f(1)}{h} + \frac{f(1 - h) - f(1)}{-h} \right\}$$

는 $x = 1$에서 $f(x)$의 좌미분계수와 우미분계수의 합이므로

$$\lim_{h \to 0} \frac{f(1 + h) - f(1 - h)}{h} = -3 - 2a$$

$f(1) = a + b = 0$이므로

$$-3 - 2a = 0$$
$$a = -\frac{3}{2},\ b = \frac{3}{2}$$

따라서 $b - a = 3$

21. 정답 13

점 P 의 x좌표를 t라 하면 직선 BP 와 직선 CQ가

평행하므로 두 삼각형 ABP 와 ACQ가 닮음이고,

$\overline{CQ} = 3\overline{BP}$ 이므로 닮음비는 $1:3$이므로 점 Q 의

x좌표는 $3t$이다.

따라서 $P(t, a^t)$, $Q(3t, a^{3t})$

두 직선 BP 와 직선 CQ 의 기울기가 1이므로

$C(0, a^{3t} - 3t)$, $B(0, a^t - t)$

$\overline{AC} = 3\overline{AB}$ 이고, $3\overline{OA} = 2\overline{OB}$ 이므로

$\overline{OC} : \overline{OB} = 13 : 3$ 에서
$$13(a^t - t) = 3(a^{3t} - 3t)$$
$$13a^t - 3a^{3t} = 4t \qquad \cdots \ \text{㉠}$$
직선 PC의 기울기가 -9이므로
$$\frac{a^t - a^{3t} + 3t}{t} = -9$$
$$a^t - a^{3t} = -12t \qquad \cdots \ \text{㉡}$$
㉠, ㉡을 연립하여 풀면
$$a^{3t} - 4a^t = 0$$
$a^t > 0$이므로
$$\therefore \ a^t = 2, \ t = \frac{1}{2}, \ a = 4$$
따라서 $\overline{OC} = a^{3t} - 3t = 8 - \frac{3}{2} = \frac{13}{2}$ 이므로
$$2\overline{OC} = 2 \times \frac{13}{2} = 13$$

22.

확률과 통계

23. 정답 ③

확률변수 X가 이항분포 $B\left(n, \frac{1}{2}\right)$을 따르므로
$$V(X) = n \times \frac{1}{2} \times \frac{1}{2} = \frac{n}{4}$$
$V(4X + 3) = 64$ 에서 $16V(X) = 64$,

즉 $V(X) = 4$이므로 $\frac{n}{4} = 4$

따라서 $n = 16$

24. 정답 ②

두 사건 A, B에 대하여 두 사건 $A \cap B^C$과 B는
서로 배반사건이고 그 합사건 $A \cup B$이므로
$$P(A \cup B) = P(A \cap B^C) + P(B) \text{ 에서}$$
$$\frac{2}{3} = \frac{1}{4} + P(B)$$
따라서 $P(B) = \frac{2}{3} - \frac{1}{4} = \frac{5}{12}$

25. 정답 ④

$(3x^2 + 1)^n$의 전개식의 일반항은
$$_nC_r (3x^2)^r = {}_nC_r \times 3^r \times x^{2r}$$
x^2의 계수는 $r = 1$일 때이므로
$$_nC_1 \times 3 = 3n$$
따라서
$$(3x^2 + 1) + (3x^2 + 1)^2 + (3x^2 + 1)^3 + \cdots + (3x^2 + 1)^{10}$$
의 전개식에서 x^2의 계수는
$$3 \times 1 + 3 \times 2 + 3 \times 3 + \cdots + 3 \times 10$$
$$= 3 \times (1 + 2 + 3 + \cdots + 10)$$
$$= 3 \times 55 = 165$$

[다른 풀이]

$x \neq 0$일 때
$$(3x^2 + 1) + (3x^2 + 1)^2 + (3x^2 + 1)^3 + \cdots + (3x^2 + 1)^{10}$$
$$= \frac{(3x^2 + 1)\{(3x^2 + 1)^{10} - 1\}}{(3x^2 + 1) - 1}$$
$$= \frac{(3x^2 + 1)^{11} - (3x^2 + 1)}{3x^2}$$
이므로 주어진 식의 전개식에서 x^2의 계수는

$\frac{1}{3}(3x^2 + 1)^{11}$의 전개식에서 x^4의 계수와 같다.

따라서 구하는 x^2의 계수는
$$\frac{1}{3} \times {}_{11}C_2 \times 3^2 = 165$$

26. 정답 ⑤

8명의 학생 중에서 2학년 학생 4명이 이웃하지 않게
앉으려면 2학년 학생 4명이 먼저 앉은 다음 그
사이사이에 다른 학년 학생이 앉으면 된다.
2학년 학생 4명이 앉는 경우의 수는 $3! = 6$

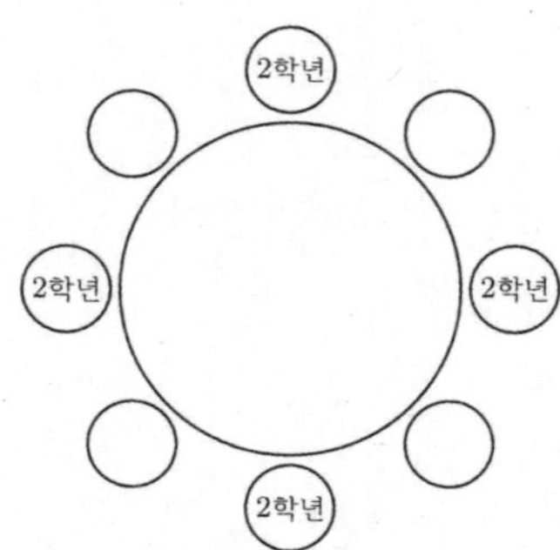

남은 4자리 중에서 3학년 학생 중 한 명의 자리를
결정하면 남은 3학년 학생 한 명의 자리는 마주보는
자리에 고정된다.

3학년 학생이 자리에 앉는 경우의 수는 $4 \times 1 = 4$
남은 2자리에 1학년 학생이 앉는 경우의 수는 2
따라서 구하는 경우의 수는
$$6 \times 4 \times 2 = 48$$

27. 정답 ④

한 개의 주사위를 3번 던져서 나오는 경우의 수는
$$6 \times 6 \times 6 = 6^3$$
전체의 경우에서 $ab < c$인 경우를 제외하면 된다.
c의 값에 따라 $ab < c$를 만족하는 모든 (a, b)의
순서쌍을 구하면
$c = 2$일 때 $(1, 1)$
$c = 3$일 때 $(1, 1)$, $(1, 2)$, $(2, 1)$
$c = 4$일 때 $(1, 1)$, $(1, 2)$, $(1, 3)$
$\qquad\qquad (2, 1)$
$\qquad\qquad (3, 1)$
$c = 5$일 때 $(1, 1)$, $(1, 2)$, $(1, 3)$, $(1, 4)$
$\qquad\qquad (2, 1)$, $(2, 2)$
$\qquad\qquad (3, 1)$
$\qquad\qquad (4, 1)$
$c = 6$일 때 $(1, 1)$, $(1, 2)$, $(1, 3)$, $(1, 4)$,
$\qquad\qquad (1, 5)$
$\qquad\qquad (2, 1)$, $(2, 2)$
$\qquad\qquad (3, 1)$
$\qquad\qquad (4, 1)$
$\qquad\qquad (5, 1)$
$ab < c$를 만족하는 경우의 수는 27가지
따라서 구하는 확률은
$$1 - \frac{27}{6^3} = 1 - \frac{1}{8} = \frac{7}{8}$$

28. 정답 ①

전체 경우는 $6^3 = 216$
주사위를 던져 나온 눈에 의해 만들어지는 삼각형의
넓이는 총 3가지 경우로
(i) $i = 1$, $j = 2$, $k = 3$과 같은 모양의 넓이
$$\frac{1}{2} \times 2 \times \frac{\sqrt{3}}{2} = \sqrt{3}$$
총 개수는 6개이고 경우의 수는 $6 \times 3! = 36$
(ii) $i = 1$, $j = 2$, $k = 4$와 같은 모양의 넓이
$$\frac{1}{2} \times 4 \times \sqrt{3} = 2\sqrt{3}$$
총 개수는 12개이고 경우의 수는 $12 \times 3! = 72$

(iii) $i = 1$, $j = 3$, $k = 5$와 같은 모양의 넓이
$$\frac{1}{2} \times 2\sqrt{3} \times 3 = 3\sqrt{3}$$
총 개수는 2개이고 경우의 수는 $2 \times 3! = 12$
$a_1 + a_2 = 4\sqrt{3}$인 경우는
$a_1 = \sqrt{3}$, $a_2 = 3\sqrt{3}$인 경우와
$a_1 = 2\sqrt{3}$, $a_2 = 2\sqrt{3}$인 경우이므로
전체 경우의 수는 $36 \times 12 \times 2 + 72 \times 72$
$a_1 = a_2$인 경우의 수는 72×72이므로
구하고자 하는 확률은
$$\frac{\dfrac{72 \times 72}{216}}{\dfrac{36 \times 12}{216} \times 2 + \dfrac{72 \times 72}{216}} = \frac{6}{7}$$
따라서 $p + q = 13$

29. 정답 186

조건 (나)에 의하여 $f(x) \geq \sqrt{x}$이므로
$f(1) \geq 1$, $f(2) \geq 2$, $f(3) \geq 2$, $f(4) \geq 2$, $f(5) \geq 3$이다.
$f(2) + f(3)$의 값이 소수인 경우는 다음과 같다.
(i) $f(2) = 2$, $f(3) = 3$ 또는
$\qquad f(2) = 3$, $f(3) = 2$인 경우
$\qquad f(1) = 1$일 때 조건 (다)에 의하여 2가지
$\qquad f(1) \neq 1$일 때 $2 \times (3 \times 3 \times 2 - 2 \times 2) = 28$
$\qquad$ 따라서 구하는 경우의 수는 $2 \times 30 = 60$
(ii) $f(2) = 2$, $f(3) = 5$ 또는
$\qquad f(2) = 5$, $f(3) = 2$인 경우
$\qquad f(1) = 1$일 때 조건 (다)에 의하여 2가지
$\qquad f(1) \neq 1$일 때 $2 \times (3 \times 3 \times 2 - 2 \times 2) = 28$
$\qquad$ 따라서 구하는 경우의 수는 $2 \times 30 = 60$
(iii) $f(2) = 3$, $f(3) = 4$ 또는
$\qquad f(2) = 4$, $f(3) = 3$인 경우
$\qquad f(1) = 1$일 때, 조건 (다)에 의하여 $2 \times 2 = 4$ 가지
$\qquad f(1) = 2$일 때, $2 \times 3 = 6$ 가지
$\qquad f(1) = 3$ 또는 $f(1) = 4$일 때, $2 \times (2+5) = 14$ 가지
$\qquad f(1) = 5$일 때, $3 \times 3 = 9$ 가지
$\qquad$ 따라서 구하는 경우의 수는 $2 \times 33 = 66$
(i)~(iii)에 의하여 구하는 함수의 개수는
$60 + 60 + 66 = 186$

30.

23. 정답 ③

$$\int_0^1 xe^x\,dx = \Big[xe^x\Big]_0^1 - \int_0^1 e^x\,dx = \Big[(x-1)e^x\Big]_0^1 = 1$$

24. 정답 ①

$$\lim_{n\to\infty}(a_n+2b_n) = \lim_{n\to\infty}\frac{\sqrt{9n^2+4n}+n}{2n+1}$$

$$= \lim_{n\to\infty}\frac{\sqrt{9+\dfrac{4}{n}}+1}{2+\dfrac{1}{n}} = \frac{\sqrt{9}+1}{2} = 2$$

급수 $\displaystyle\sum_{n=1}^{\infty}(3a_n+b_n-6)$ 가 수렴하므로

$$\lim_{n\to\infty}(3a_n+b_n-6)=0 \text{에서}$$

$$\lim_{n\to\infty}(3a_n+b_n)$$

$$= \lim_{n\to\infty}\{(3a_n+b_n-6)+6\}$$

$$= \lim_{n\to\infty}(3a_n+b_n-6)+\lim_{n\to\infty}6 = 0+6=6$$

따라서

$$\lim_{n\to\infty}(a_n+b_n) = \lim_{n\to\infty}\frac{1}{5}\{(3a_n+b_n)+2(a_n+2b_n)\}$$

$$= \frac{1}{5}\Big\{\lim_{n\to\infty}(3a_n+b_n)+2\lim_{n\to\infty}(a_n+2b_n)\Big\}$$

$$= \frac{1}{5}(6+2\times2) = 2$$

25. 정답 ④

점 $(a,1)$ 은 곡선 $x^3-xy=6$ 위의 점이므로
$$a^3-a-6=0,\ (a-2)(a^2+2a+3)=0$$
따라서 $a=2$ $(\because a^2+2a+3=(a+1)^2+2>0)$

$x^3-xy=6$ 의 양변을 x 에 대하여 미분하면

$$3x^2-y-x\times\frac{dy}{dx}=0$$

$$\frac{dy}{dx}=\frac{3x^2-y}{x}$$

점 $(2,1)$ 에서 접선의 기울기는 $b=\dfrac{11}{2}$

따라서 $ab=2\times\dfrac{11}{2}=11$

26. 정답 ⑤

함수 $y=\dfrac{\ln(x+e)}{\sqrt{x+e}}$ 의 그래프와 x축, y축 및

직선 $x=e^4-e$ 로 둘러싸인 부분을 밑면으로 하고,
x축에 수직인 평면으로 자른 단면이 모두 정사각형인
입체도형의 부피는

$$\int_0^{e^4-e}\frac{\{\ln(x+e)\}^2}{x+e}\,dx$$

$\ln(x+e)=t$ 로 치환하면 $\dfrac{dx}{dt}=x+e$ 이고

$x=0$ 일 때 $t=1$, $x=e^4-e$ 일 때 $t=4$ 이므로
구하는 입체도형의 부피는

$$\int_0^{e^4-e}\frac{\{\ln(x+e)\}^2}{x+e}\,dx = \int_1^4 t^2\,dt = \Big[\frac{1}{3}t^3\Big]_1^4 = 21$$

27. 정답 ③

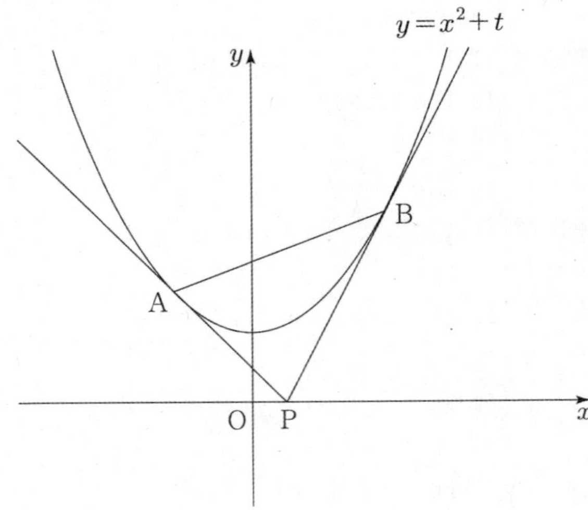

두 점 A, B의 x좌표를 각각 a, b 라 하면
a, b는 직선 AP와 직선 BP의 기울기에 의해

방정식 $\dfrac{x^2+t}{x-1}=2x$, 즉, $x^2-2x-t=0$ 의 두 근이므로

근과 계수와의 관계에 의하여
$$a+b=2,\ ab=-t$$
직선 AP의 기울기는 $\tan\theta_1$, 직선 BP의 기울기를

$\tan\theta_2$ 라고 하면
두 직선이 이루는 각 θ 에 대하여 (단, θ는 예각)
$$\tan\theta = |\tan(\theta_1-\theta_2)|$$
$$\tan\theta_1=2a,\ \tan\theta_2=2b$$

$$\tan\theta = \left|\frac{2a-2b}{1+4ab}\right| = \left|\frac{4\sqrt{1+t}}{1-4t}\right| \text{이므로}$$

$$\sin\theta = \frac{4\sqrt{1+t}}{\sqrt{(1-4t)^2+16(1+t)}}$$

이다.

한편 $\overline{AB} = \sqrt{(a-b)^2 + (a^2-b^2)^2}$

$$= \sqrt{4(1+t) + 16(1+t)}$$

$$= \sqrt{20(1+t)}$$

이므로

$$2R = \frac{\overline{AB}}{\sin\theta} = \frac{\sqrt{5}}{2} \times \sqrt{(1-4t)^2 + 16(1+t)}$$

에서

$$S(t) = \pi R^2 = \frac{5\pi}{16}\left\{(1-4t)^2 + 16(1+t)\right\}$$

따라서

$$\lim_{t\to\infty} \frac{S(t)}{t^2} = \lim_{t\to\infty} \frac{5\pi\left\{(1-4t)^2 + 16(1+t)\right\}}{16t^2} = 5\pi$$

이므로 $k=5$

28. 정답 ③

조건 (다)에서 식의 양변을 t로 미분하면

$$f(t)\left\{3t^2 - f(t)\right\} = \{g(f(t))\}^3 f'(t)$$

$$3t^2 f(t) - \{f(t)\}^2 = t^3 f'(t) \qquad \cdots\cdots \text{㉠}$$

$$3t^2 f(t) - t^3 f'(t) = \{f(t)\}^2$$

㉠에서 $t>0$일 때 $f'(t)>0$이므로 $f(t)\neq 0$이다.

따라서 양변을 $\{f(t)\}^2$으로 나누어 정리하면

$$\frac{3t^2 f(t) - t^3 f'(t)}{\{f(t)\}^2} = 1 이고 \text{ 양변을 적분하면}$$

$$\frac{t^3}{f(t)} = t + C \ (\text{단, } C \text{는 적분상수})$$

㉠에 $t=1$을 대입하면

$$3f(1) - \{f(1)\}^2 = f'(1)$$

이고 조건 (나)에서 $f'(1) = 2f(1)$이므로

$$3f(1) - \{f(1)\}^2 = 2f(1)$$

에서

$$f(1) = 1 \ (\because f(1) \neq 0)$$

이다.

따라서 $C=0$이고 $f(x) = x^2$이므로 $f(1)=1$, $f(2)=4$이다.

$$\int_1^4 \{g(x)\}^3 \, dx$$

$$= \int_1^2 f(x)\left\{3x^2 - f(x)\right\} dx$$

$$= \int_1^2 2x^4 \, dx = \left[\frac{2}{5}x^5\right]_1^2 = \frac{62}{5}$$

29. 정답 135

조건 (가)에서 함수 $g(x)$는 $x\neq a$인 모든 실수 x에서 연속이므로

$x\neq a$일 때, $f(x)+1 > 0$이고

$x = a$일 때, $f(a)+1 = 0$이므로 $f(a) = -1$

조건 (나)에서 함수 $|g(x)|$는 $f(x)+1 = 0$일 때 불연속이고 $f(x)+1 = 1$일 때는 연속이지만 미분가능하지 않다.

따라서 $f(1) = 0$이고

$$f(x) = 3(x-1)(x-k)^3$$

$$f'(x) = 3(x-k)^3 + 9(x-1)(x-k)^2$$

$$= 3(x-k)^2(4x-k-3)$$

$f'(a) = 0$이므로 $a = \dfrac{k+3}{4}$ $\quad \cdots$ ㉠

$f(a) = -1$이므로

$$f\left(\frac{k+3}{4}\right) = 3\left(\frac{k+3}{4} - 1\right)\left(\frac{k+3}{4} - k\right)^3$$

$$= 3 \times \frac{k-1}{4} \times \left(\frac{-3k+3}{4}\right)^3$$

$$= -\left\{\frac{3}{4}(k-1)\right\}^4 = -1$$

따라서 $k = -\dfrac{1}{3}$ 또는 $k = \dfrac{7}{3}$이다.

㉠에 대입하면 $a = \dfrac{2}{3}$ 또는 $a = \dfrac{4}{3}$이다.

$a < 1$이므로 $k = -\dfrac{1}{3}$, $a = \dfrac{2}{3}$이다.

따라서 $f(x) = 3(x-1)\left(x + \dfrac{1}{3}\right)^3$이므로

$$f(4a) = f\left(\frac{8}{3}\right) = 3 \times 3^3 \times \frac{5}{3} = 135$$

30.

수학 영역

<table>
<tr><td colspan="2" align="center">빠른 정답</td></tr>
</table>

	수학 I 수학 II								
1	②	2	③	3	④	4	④	5	③
6	③	7	⑤	8	①	9	①	10	①
11	⑤	12	④	13	⑤	14	④	15	✕
16	1	17	14	18	4	19	210	20	560
21	21	22	✕						

	확률과 통계								
23	①	24	⑤	25	④	26	②	27	①
28	②	29	69	30	✕				

	미적분								
23	③	24	④	25	①	26	③	27	④
28	⑤	29	4	30	✕				

해설

1. 정답 ②

$$4^{\frac{1}{3}} \times 4^{\frac{2}{12}} = 2^{\frac{2}{3}+\frac{1}{3}} = 2$$

2. 정답 ③

$$\sin\left(\frac{7}{2}\pi+\theta\right) = \sin\left(\frac{3}{2}\pi+\theta\right) = -\cos\theta = -\frac{1}{3}$$

3. 정답 ④

$$\int_{-2}^{2}(x^3+3x^2+5x-3)\,dx$$
$$= \int_{-2}^{2}(x^3+5x)\,dx + \int_{-2}^{2}(3x^2-3)\,dx$$
$$= 0 + 2\int_{0}^{2}(3x^2-3)\,dx$$
$$= 2\times\left[x^3-3x\right]_{0}^{2}$$
$$= 2\times(8-6) = 4$$

4. 정답 ④

$y = x^2 f(x)$에서 $y' = 2xf(x)+x^2f'(x)$이고, 점 $(2,\,8)$이
곡선 $y = x^2 f(x)$ 위의 점이므로 $f(2) = 2$
곡선 $y = x^2 f(x)$ 위의 점 $(2,\,8)$에서의 접선의 기울기가
4이므로
$$2\times 2\times f(2) + 2^2 \times f'(2) = 8 + 4f'(2) = 4$$
즉, $f'(2) = -1$
따라서 곡선 $y = f(x)$ 위의 점 $(2,\,f(2))$에서의 접선의
방정식은
$$y - f(2) = f'(2)\times(x-2)$$
$$y - 2 = -(x-2)$$
즉, $y = -x+4$
따라서 구하는 y절편은 4이다.

5. 정답 ③

등비수열 $\{a_n\}$의 공비를 r라 하면

$$a_2 = a_1 r = \frac{1}{3} \qquad \cdots\cdots \text{㉠}$$

$$a_3 - a_4 = a_1 r^2 - a_1 r^3$$

$$= \frac{1}{3}r - \frac{1}{3}r^2 = \frac{1}{12}$$

$$r^2 - r + \frac{1}{4} = 0, \quad \left(r - \frac{1}{2}\right)^2 = 0$$

따라서 $r = \dfrac{1}{2}$이고 이를 ㉠에 대입하면

$$a_1 = \frac{2}{3}$$

6. 정답 ③

$$\int_1^4 \left(\frac{7}{2}x^2 - x\right)dx + \int_4^1 \left(\frac{1}{2}x^2 - x\right)dx$$

$$= \int_1^4 \left(\frac{7}{2}x^2 - x\right)dx + \int_1^4 \left(-\frac{1}{2}x^2 + x\right)dx$$

$$= \int_1^4 3x^2\, dx = \left[\,x^3\,\right]_1^4 = 64 - 1 = 63$$

7. 정답 ⑤

함수 $f(x) = 2 - 3\sin 2x$의 주기는 $\dfrac{2\pi}{2} = \pi$이므로

함수 $f(x)$의 그래프는 다음과 같다.

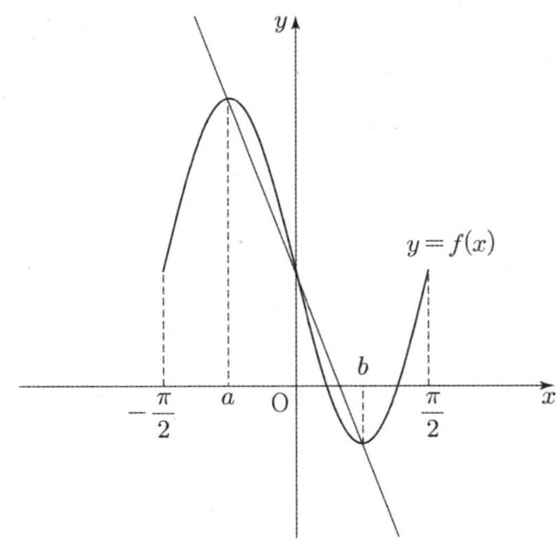

함수 $f(x)$는 $x = -\dfrac{\pi}{4}$일 때 최댓값

$$f\left(-\frac{\pi}{4}\right) = 2 - 3\sin\left(-\frac{\pi}{2}\right) = 5$$

를 갖고, $x = \dfrac{\pi}{4}$일 때 최솟값

$$f\left(\frac{\pi}{4}\right) = 2 - 3\sin\left(\frac{\pi}{2}\right) = 2 - 3 \times 1 = -1 \text{ 을 가진다.}$$

$a = -\dfrac{\pi}{4}$, $b = \dfrac{\pi}{4}$이므로

두 점 $\left(-\dfrac{\pi}{4}, 5\right)$, $\left(\dfrac{\pi}{4}, -1\right)$을 지나는 직선의 기울기는

$$\frac{-1-5}{\dfrac{\pi}{4} - \left(-\dfrac{\pi}{4}\right)} = -\frac{6}{\dfrac{\pi}{2}} = -\frac{12}{\pi}$$

8. 정답 ①

점 P의 시각 t에서의 속도 $v(t)$는

$$v(t) = \frac{dx}{dt} = 3t^2 - 2t - 4$$

점 P의 속도가 4인 시각은

$$3t^2 - 2t - 4 = 4, \quad (3t+4)(t-2) = 0$$

$t \geq 0$이므로 $t = 2$

점 P의 시각 t에서의 가속도 $a(t)$는

$$a(t) = \frac{dv}{dt} = 6t - 2$$

이므로 $t = 2$일 때 점 P의 가속도는

$$6 \times 2 - 2 = 10$$

9. 정답 ①

$f(x) = (x-a)(x-b)$이므로

$f(n)$의 n제곱근을 k라 하면 $k^n = f(n)$이다.

$k > 0$인 k가 존재하기 위한 조건은 $f(n) > 0$이다.

따라서 $a < b$라 두면 $n < a$ 또는 $n > b$이다.

$k < 0$인 k가 존재하기 위한 조건은 n이 짝수일 때 $f(n) > 0$, n이 홀수일 때 $f(n) < 0$이다.

$\displaystyle\sum_{n=2}^{10} = \frac{9}{2} \times (2+10) = 54$이다.

2부터 10까지의 자연수 중에 $a \leq n \leq b$인 2개 이상의 연속한 자연수 n의 합이 22인 경우를 찾아보자.

a부터 시작하여 m개의 합은 첫 항이 a이고 공차가 1인 등차수열의 m번째 항까지의 합이므로

$$\frac{m}{2}(2a + m - 1) = 22 \text{이다.}$$

따라서 $m(2a + m - 1) = 44$이다.

이때 m과 $2a + m - 1$ 중에 하나는 홀수, 다른 하나는 짝수이므로 44를 3 이상의 홀수와 4의 배수의 곱으로 표현하는 경우는 $44 = 4 \times 11$뿐이다.

(ⅰ) $m = 4$, $2a + m - 1 = 11$일 때 $a = 4$이다.

$\quad 4 + 5 + 6 + 7 = 22$이므로 $b = 7$이다.

$\quad$이 경우에 $f(x) = (x-4)(x-7)$이고, $f(n)$의 n제곱근 중 양수인 실수인 것이 존재하는 자연수 n의 값은 2, 3, 8, 9, 10이다. 이 값들의 합은 32이므로 조건을 만족시킨다.

(ii) $m=11$, $2a+m-1=4$인 경우는 존재하지 않는다.

(i), (ii)에 의하여 $f(x)=(x-4)(x-7)$이다.

$\therefore\ a+b=4+7=11$

10. 정답 ①

함수 $g(x)$가 실수 전체의 집합에서 연속이려면 $x=2$에서 연속이어야 하고, $x<2$일 때 $f(x)\neq 0$이어야 한다.

(i) $f(2)\neq 0$일 때

$$\lim_{x\to 2-}g(x)=0$$이고

$$\lim_{x\to 2+}g(x)=f(2)-2,\ g(2)=f(2)-2$$

이므로 $f(2)=2$

삼차함수 $f(x)$의 최고차항의 계수가 양수이므로

$$\lim_{x\to -\infty}f(x)=-\infty$$에서 $x<2$일 때

$f(x)=0$의 실근이 적어도 하나 존재하므로

$g(x)$가 실수 전체의 집합에서 연속일 수 없다.

(ii) $f(2)=0$일 때

$g(2)=f(2)-2=-2$이므로

$$\lim_{x\to 2-}\frac{(x-2)^k}{f(x)}=-2$$이면서 $x<2$일 때

$f(x)\neq 0$이어야 한다.

$k=3$이면 $f(x)=(x-2)^3$일 때만 극한값이

존재하고 $\lim\limits_{x\to 2-}\dfrac{(x-2)^k}{f(x)}=1$이므로 성립하지 않는다.

$k=1$일 때 $f(x)=(x-2)f_1(x)$라 하면

$f_1(x)$는 최고차항의 계수가 1인 이차식이다.

$$f_1(2)=-\frac{1}{2}$$

이때 $f_1(x)=0$은 $x<2$일 때 실근을 가지므로

$g(x)$가 실수 전체의 집합에서 연속일 수 없다.

따라서 $k=2$이고 $f(x)=(x-2)^2(x-a)$라 하면

$$\lim_{x\to 2-}\frac{(x-2)^2}{(x-2)^2(x-a)}=\frac{1}{2-a}=-2$$

이므로 $a=\dfrac{5}{2}$

따라서 $f(x)=(x-2)^2\left(x-\dfrac{5}{2}\right)$이므로

$$f(0)=-10$$

11. 정답 ⑤

조건 (가)에 의하여

$|a_1|+|a_2|=2d$ … ㉠

$|a_1|+|a_5|=4d$ … ㉡

에서 모두 좌변의 값은 0 이상이므로

$d>0$ … ㉢

㉠에서 ㉡을 각 변끼리 빼면

$|a_2|-|a_5|=-2d$

이므로

$|a_2|<|a_5|$ ($\because$ ㉢) … ㉣

이때 ㉣에서 $a_2<a_5$이므로 만약 $a_2\geq 0$이면

$a_2-a_5=(a_1+d)-(a_1+4d)=-3d$이므로 ㉣에서

$a_2<0$이고 ㉢에서 $a_1<0$

$a_5<0$인 경우 ㉡에서 $-a_1-a_5=4d$이므로 $a_5=a_1+4d$와

연립하면

$$a_1=-4d,\ a_5=0$$

이때, $a_5<0$을 만족시키지 않으므로 $a_5\geq 0$이고

$$-a_1-a_2=2d\ (\because\ ㉠)$$
$$-a_1+a_5=4d\ (\because\ ㉡)$$

을 연립하면 $a_1=-\dfrac{3}{2}d$에서

$$a_n=-\frac{5}{2}d+dn \qquad \cdots\cdots ㉤$$

조건 (나)에서 $a_p=-5a_q$에서

$$\frac{a_p}{a_q}=-5 \qquad \cdots\cdots ㉥$$

를 만족시키는 두 자연수 p, q는 다음과 같다.

$$a_1=-\frac{3}{2}d,\ a_2=-\frac{d}{2},\ a_3=\frac{d}{2},\ a_4=\frac{3}{2}d,$$
$$a_5=\frac{5}{2}d,\ a_6=\frac{7}{2}d,\ a_7=\frac{9}{2}d,\ \cdots$$

에서 $\dfrac{a_p}{a_q}<0$을 만족시키는 두 자연수 p, q가 존재하고,

이때 p, q 중에서 하나의 값은 2 이하이고, 나머지 하나의 값은 3 이상이다.

(i) $p\geq 3$, $q\leq 2$인 경우

$\dfrac{a_p}{a_q}=-5$를 만족시키는 (p,q)의 순서쌍은

$$(10,\,1),\ (5,\,2)$$

이다.

(ii) $q\geq 3$, $p\leq 2$인 경우

두 자연수 p, q는 존재하지 않는다.

따라서 모든 $p+q$의 값은 11 또는 7이므로 합은 18이다.

12. 정답 ④

$$\frac{1}{2}x^2f(x)=x^4-ax^3+\int_1^x tf(t)dt \qquad \cdots\cdots ㉠$$

㉠의 양변을 x에 대하여 미분하면

$$xf(x)+\frac{1}{2}x^2f'(x)=4x^3-3ax^2+xf(x)$$

$$x^2f'(x)=8x^3-6ax^2$$

함수 $f(x)$가 다항함수이므로 $f'(x)=8x-6a$

$f(x)=\displaystyle\int (8x-6a)\,dx=4x^2-6ax+C$ (단, C는 적분상수)

$f(0)=6$에서 $0+C=6$이므로 $C=6$

$f(x)=4x^2-6ax+6$　　　……ⓛ

한편, ㉠의 양변에 $x=1$을 대입하면 $f(1)=2-2a$

ⓛ에서 $f(1)=4-6a+6=-6a+10$이므로

$-2a+2=-6a+10$에서 $a=2$

따라서 $f(x)=4x^2-12x+6$이므로

$f(a)=f(2)=16-24+6=-2$

13. 정답 ⑤

$\mathrm{P}\!\left(k,\ 2^{k-3}+7\right)$, $\mathrm{Q}\!\left(k,\ -2^{-k+3}+7\right)$이므로

$\overline{\mathrm{PQ}}=2^{k-3}+2^{-k+3}\geq 2\sqrt{2^{k-3}\times 2^{-k+3}}=2$

(단, 등호는 $2^{k-3}=2^{-k+3}$, 즉 $k=3$일 때 성립한다.)

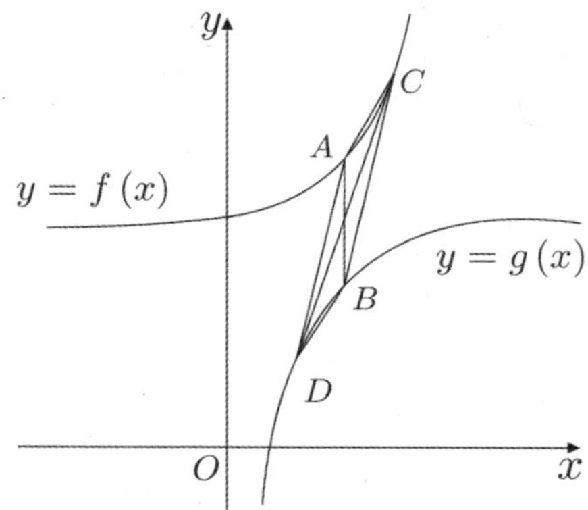

이때 $\mathrm{A}(3,\ 8)$, $\mathrm{B}(3,\ 6)$이므로 선분 AB의 중점을
M이라하면 $\mathrm{M}(3,\ 7)$이다.

두 상수 c, d에 대하여

$\mathrm{C}\!\left(c,\ 2^{c-3}+7\right)\ (c>3)$, $\mathrm{D}\!\left(d,\ -2^{-d+3}+7\right)\ (d<3)$ 라 하면

조건 (가)에서

$\dfrac{c+d}{2}=3$, 즉 $c+d=6$　　　……㉠

직선 CD의 기울기와 직선 CM의 기울기가 같으므로
조건 (나)에서

$\dfrac{(2^{c-3}+7)-7}{c-3}=\dfrac{4}{3}\times\dfrac{(2^{c-3}+7)-8}{c-3}$

$2^{c-3}=\dfrac{4}{3}(2^{c-3}-1)$

$\dfrac{2^{c-3}}{3}=\dfrac{4}{3}$

$c-3=2,\ c=5$

$c=5$를 ㉠에 대입하면

$5+d=6$에서 $d=1$

이므로 $\mathrm{C}(5,\ 11)$, $\mathrm{D}(1,\ 3)$이다.

따라서

(사각형 ADBC의 넓이)

$=$(삼각형 ADB의 넓이)$+$(삼각형 ACB의 넓이)

$=\dfrac{1}{2}\times 2\times 2+\dfrac{1}{2}\times 2\times 2$

$=4$

14. 정답 ④

(i) 조건 (가)에 의하여 두 정수 a, b는 다음과 같다.

　① $|a|<4$일 때

　　방정식 $f(x)=4$의 실근이 존재하지 않으므로
　　조건 (가)를 만족시키지 않는다.

　② $|a|=4$일 때

　　주기가 $\dfrac{2\pi}{|b|}$이므로 $0\leq x\leq 2\pi$에서 방정식
　　$f(x)=4$의 실근의 개수는 $|b|$이므로 $|b|=8$

　③ $4<|a|\leq 8$일 때

　　주기가 $\dfrac{2\pi}{|b|}=\dfrac{2\pi}{4}$일 때만 $0\leq x\leq 2\pi$에서
　　방정식 $f(x)=4$의 실근의 개수는 8이 되므로
　　$|b|=4$

(ii) 조건 (나)에서 두 함수 $y=a\sin bx$, $y=a\cos bx$의
　그래프는 다음 그림과 같다.

　① $a>0,\ b>0$일 때,

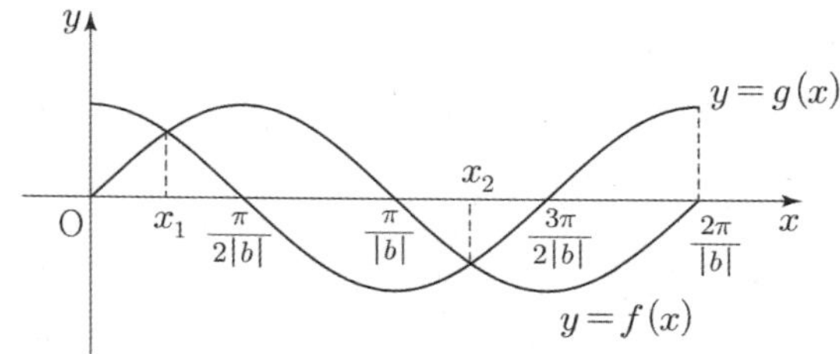

　조건 $\dfrac{k\pi}{2|b|}<x_{2k-1}<\dfrac{k\pi}{|b|}$ 를 만족시키지 않는다.

　② $a>0,\ b<0$일 때,

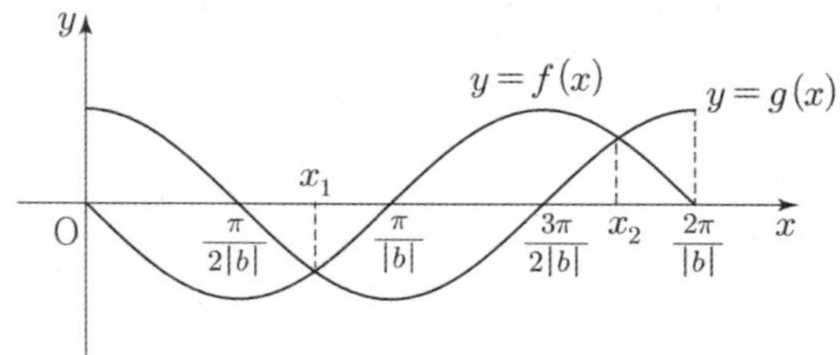

　조건을 만족시킨다.

　③ $a<0,\ b>0$일 때,

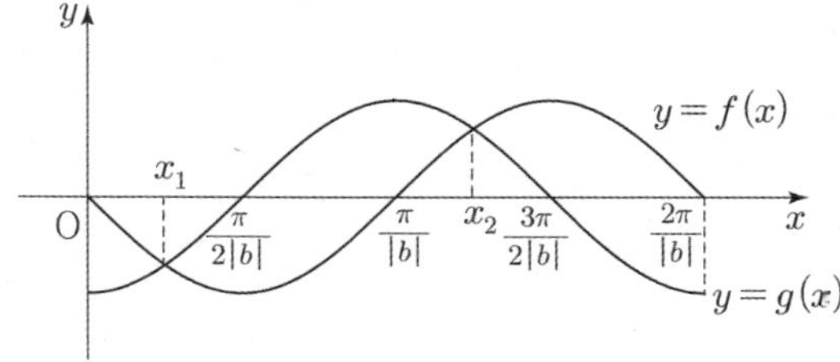

　조건 $\dfrac{k\pi}{2|b|}<x_{2k-1}<\dfrac{k\pi}{|b|}$ 를 만족시키지 않는다.

④ $a < 0,\, b < 0$일 때,

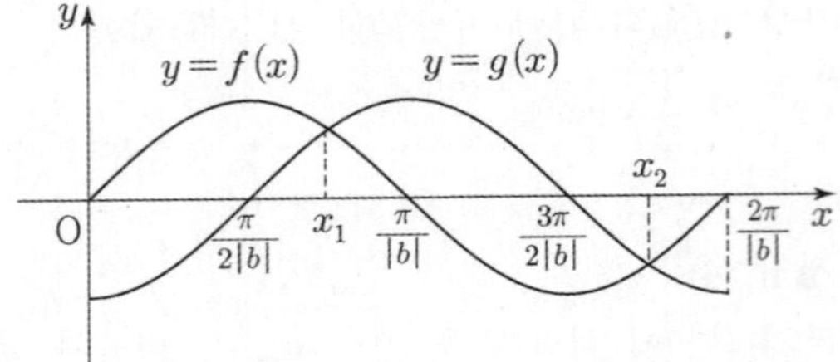

조건 $x_{2k-1} < t < x_{2k}$ 를 만족하는 실수 t에

대하여 $f(t) > g(t)$ 을 만족시키지 않는다.

(i)~(ii)에 의하여 구하는 모든 순서쌍은

$(4, -8),\ (5, -4),\ (6, -4),\ (7, -4),\ (8, -4)$

이고 $a+b$의 최댓값은 $(8, -4)$일 때 4이다.

15.

16. 정답 1

$2^x = t\ (t > 0)$이라 하면 주어진 방정식은

$4t^2 - 7t - 2 = 0$

$(4t+1)(t-2) = 0$

$t > 0$이므로 $t = 2$

$2^x = 2$이므로 $x = 1$

17. 정답 14

다항함수 $f(x)$에 대하여 곡선 $y = f(x)$ 위의 점 $(3, 2)$에서의

접선의 기울기는 4이므로

$$f(3) = 2,\ f'(3) = 4$$

$g(x) = xf(x)$ 라 하면 곡선 $y = g(x)$ 위의 $x = 3$인 점에서의

접선의 기울기는 $g'(3)$이고 $g'(x) = f(x) + xf'(x)$ 이므로

$$g'(3) = f(3) + 3f'(3) = 2 + 3 \times 4 = 14$$

18. 정답 4

$f(x) = \dfrac{2}{3}x^3 + ax^2 - (a^2 - 6a)x$에서

$f'(x) = 2x^2 + 2ax - (a^2 - 6a)$

이때, 함수 $f(x)$가 실수 전체의 집합에서 증가하려면

$f'(x) \geq 0$

이때, 이차방정식 $f'(x) = 0$의 판별식을 D라 하면

$\dfrac{D}{4} \leq 0$이어야 하므로

$\dfrac{D}{4} = a^2 - 2(-a^2 + 6a)$

$= 3a^2 - 12a$

$= 3a(a-4) \leq 0$

그러므로

$0 \leq a \leq 4$

따라서 a의 최댓값은 4이다.

19. 정답 210

$n \geq 2$일 때 $a_n = \displaystyle\sum_{k=1}^{n-1}(k+1)a_k$이므로

$a_{n+1} - a_n = \displaystyle\sum_{k=1}^{n}(k+1)a_k - \sum_{k=1}^{n-1}(k+1)a_k$

$\qquad\qquad = (n+1)a_n$

그러므로 $a_{n+1} = (n+2)a_n$(단, $n \geq 2$)

$a_n > 0$이므로 $\dfrac{a_{n+1}}{a_n} = n + 2$

위 식에 $n = 3,\ 4,\ 5$를 순서대로 대입하면

$\dfrac{a_4}{a_3} = 5,\ \dfrac{a_5}{a_4} = 6,\ \dfrac{a_6}{a_5} = 7$이므로

$\dfrac{a_6}{a_3} = \dfrac{a_4}{a_3} \times \dfrac{a_5}{a_4} \times \dfrac{a_6}{a_5} = 5 \times 6 \times 7 = 210$

20. 정답 560

$\displaystyle\lim_{h \to 0} \dfrac{f(x+h) - f(x)}{h} = f'(x)$이므로 함수 $g(x)$는

$g(x) = |f(x-a)|\,|f'(x)|$이다.

(가)에서 함수 $f'(x) = 4x^2(x-3)$ 또는

$f'(x) = 4x(x-3)^2$이다.

(i) $f'(x) = 4x^2(x-3)$일 때,

$\qquad f'(x) = 4x^3 - 12x^2$

$\qquad f(x) = x^4 - 4x^3 + C$

$\qquad f(x) = x^3(x-4) + C$이다.

함수 $|f'(x)|$는 $x = 3$에서 미분가능하지 않으므로

함수 $g(x)$가 $x = 3$에서 미분가능하기 위해서는

$f(3-a) = 0$이어야 한다. $\qquad\qquad \cdots\ \bigcirc$

방정식 $f(x) = 0$의 실근의 개수가 2이고

함수 $f(x-a)$는 함수 $f(x)$을 x축의 방향으로 a만큼

평행이동한 그래프이므로 방정식 $f(x-a) = 0$ 또한

서로 다른 두 실근을 갖는다.

방정식 $f(x-a) = 0$의 두 실근을 $\alpha,\ \beta$라 할 때,

함수 $|f(x-a)|$가 $x = \alpha$와 $x = \beta$에서 모두

미분가능하지 않으면, 예를 들어 $|f(x)|$가 $x = 0$과

$x = 3$에서 미분가능하지 않으면 $|f(x)|$는 두 점에서

미분불가능하므로 (다) 조건을 만족시킬 수 없다.

따라서

$f(x) = x^3(x-4) + C$에서 $C = 0$일 때,

즉, $f(x) = x^3(x-4)$에서 함수 $|f(x)|$가 $x = 0$에서

- 14 -

미분가능하고 $x=4$에서만 미분가능하지 않게
되므로 함수 $g(x)=|f(x-a)||f'(x)|$가 실수 전체의
집합에서 미분가능하기 위해서는 ㉠에서 $a=-1$이면
된다.

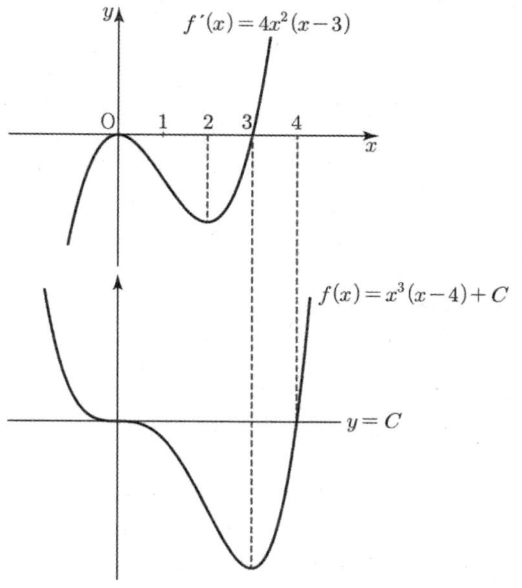

따라서
$$g(x)=|f(x+1)||f'(x)|$$
$$\qquad=|(x+1)^3(x-3)|\times|4x^2(x-3)|$$
$$\qquad=|4(x+1)^3x^2(x-3)^2|$$
$$g(1)=|4\times2^3\times1\times(-2)^2|=128$$

(ii) $f'(x)=4x(x-3)^2$일 때,
$f(x)=(x+1)(x-3)^3+C$ 꼴이다.

함수 $|f'(x)|$는 $x=0$에서 미분가능하지 않으므로
함수 $g(x)$가 $x=0$에서 미분가능하기 위해서는
$f(-a)=0$이어야 한다. $\qquad\qquad\cdots$ ㉡

방정식 $f(x)=0$의 실근의 개수가 2이고
함수 $f(x-a)$는 함수 $f(x)$을 x축의 방향으로 a만큼
평행이동한 그래프이므로 방정식 $f(x-a)=0$ 또한
서로 다른 두 실근을 갖는다.

함수 $|f(x-a)|$가 $x=\alpha$와 $x=\beta$에서 모두
미분가능하지 않으면 조건을 만족시킬 수 없다.

따라서
$f(x)=(x+1)(x-3)^3+C$에서 $C=0$일 때,
즉 $f(x)=(x+1)(x-3)^3$에서 함수 $|f(x)|$가
$x=3$에서 미분가능하고 $x=-1$에서만 미분가능하지
않게 되므로 함수 $g(x)=|f(x-a)||f'(x)|$가 실수
전체의 집합에서 미분가능하기 위해서는 ㉡에서
$a=1$이면 된다.

따라서
$$g(x)=|f(x-1)||f'(x)|$$
$$\qquad=|x(x-4)^3|\times|4x(x-3)^2|$$
$$\qquad=|4x^2(x-3)^2(x-4)^3|$$
$$g(1)=|4\times1^2\times(-2)^2\times(-3)^3|=432$$

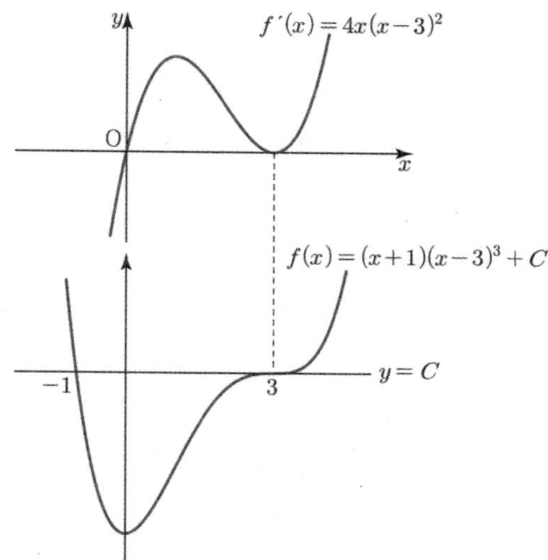

(i), (ii)에서 가능한 $g(1)$의 값의 합은
$128+432=560$이다.

21. 정답 21

조건 (가)에서 $f'(0)=f(0)$이므로
$f(x)=ax^3+bx^2+cx+c$
$f(-1)=0$이므로 $-a+b=0$ 즉 $b=a$
$$f(x)=ax^3+ax^2+cx+c=(x+1)(ax^2+c)$$
$g(x)=ax^2+c$라 할 때, $g(x)=0$이

(i) 서로 다른 두 허근을 갖는 경우
$f(x)=0$의 실근은 $x=-1$뿐이고 이때 $y=f(x)$는
조건 (나)를 만족시키지 않는다.

(ii) 중근을 갖는 경우
$c=0$이고 $f(x)=ax^2(x+1)$이므로 $y=f(x)$는
조건 (나)를 만족시키지 않는다.

(iii) 서로 다른 두 실근을 갖는 경우
$ac<0$이고 이때 $g(x)=0$의 서로 다른 두 실근은
부호가 다른 두 수이다. 이를 $\alpha,\ -\alpha\ (\alpha>0)$라
하면
$a>0$일 때 $y=f(x)$의 개형은 다음과 같다.

① $0<\alpha<1$일 때

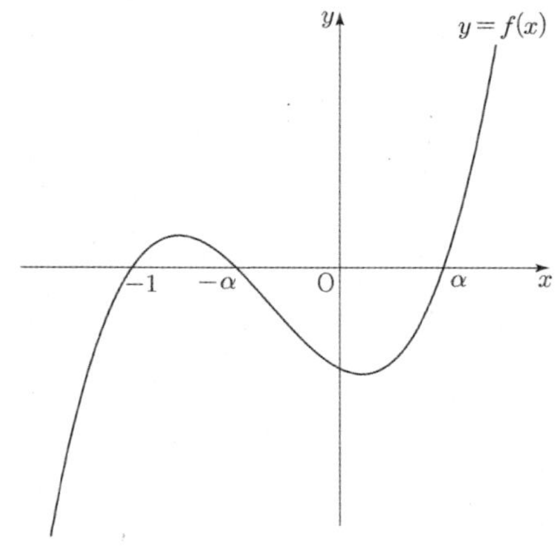

② $\alpha=1$일 때

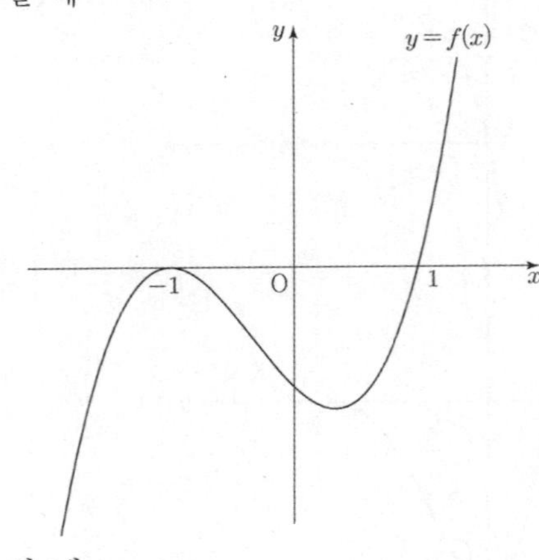

③ $\alpha>1$일 때

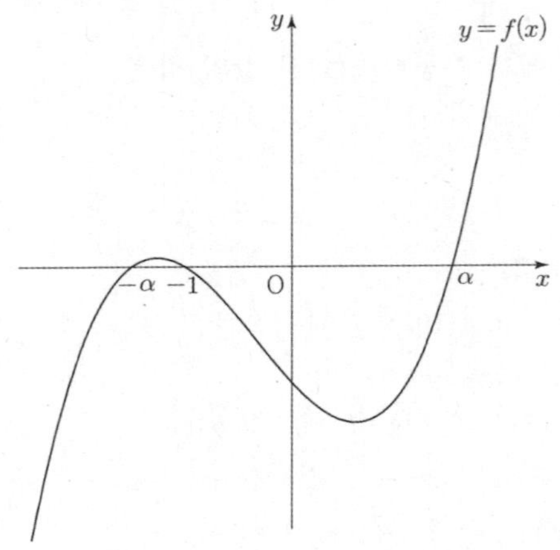

이 중 조건 (나)를 만족하는 것은 ①뿐이고, $a<0$일 때도 이와 같이 $0<\alpha<1$이어야 한다는 것을 알 수 있다.

(i)~(iii)에서 $g(x)=0$의 양수인 실근 α가 $0<\alpha<1$이어야 하므로 $g(0)g(1)<0$
$$c(a+c)<0$$

$a>0$일 때와 $a<0$일 때 $|f(2)|$의 최솟값은 같으므로 $a>0$일 때만 구하면 된다.

$a>0$일 때, $-a<c<0$이므로 $|f(2)|=|12a+3c|$의 최솟값은 $a=2$, $c=-1$일 때 21

22.

---

23. 정답 ①

$\left(x+\dfrac{2}{x}\right)^4$의 전개식의 일반항은

$$_4C_r\times x^{4-r}\times\left(\frac{2}{x}\right)^r={}_4C_r\times 2^r\times x^{4-2r}\ (r=0,\ 1,\ 2,\ 3,\ 4)$$

x^2 항은 $4-2r=2$에서 $r=1$일 때이다.
따라서 x^2의 계수는
$$_4C_1\times 2^1=8$$

24. 정답 ⑤

두 사건 A, B가 서로 배반사건이므로
$P(A\cup B)=P(A)+P(B)$ 에서
$$\frac{3}{4}=\frac{1}{12}+P(B)$$
따라서 $P(B)=\dfrac{3}{4}-\dfrac{1}{12}=\dfrac{2}{3}$

25. 정답 ④

$$E(X)=0\times\frac{3}{10}+1\times\frac{1}{5}+a\times\frac{1}{2}$$
$$=\frac{1}{5}+\frac{1}{2}a$$
$$E(X^2)=0\times\frac{3}{10}+1\times\frac{1}{5}+a^2\times\frac{1}{2}$$
$$=\frac{1}{5}+\frac{1}{2}a^2$$

이때 주어진 조건에서 $E(X^2)=E(X)+6$이므로
$$\frac{1}{5}+\frac{1}{2}a^2=\frac{1}{5}+\frac{1}{2}a+6$$
$$a^2-a-12=0,\ (a-4)(a+3)=0$$
$a>1$이므로 $a=4$

26. 정답 ②

S, D, E를 이웃하도록 배열하는 경우는 S, D, E를 하나로 묶으면
(S, D, E), T, T, U, N

모두 5개를 배열하는 경우의 수는 $\dfrac{5!}{2!}=60$

또한 S, D, E를 서로 바꾸는 경우의 수가 $3!=6$
따라서 구하는 경우의 수는 $60\times 6=360$

27. 정답 ①

전체 9개 강의 중에서 5개 강의를 선택하는 경우의 수는

$$_9C_5 = {}_9C_4 = \frac{9 \times 8 \times 7 \times 6}{4 \times 3 \times 2 \times 1} = 126$$

(i) 수학을 3개 선택하고 나머지 강의 2개를 선택하는 경우

$$_4C_3 \times {}_5C_2 = 4 \times 10 = 40$$

(ii) 수학을 3개 선택하고 국어를 선택하지 않는 경우

$$_4C_3 \times {}_2C_2 = 4$$

따라서 구하는 확률은

$$\frac{40-4}{126} = \frac{36}{126} = \frac{2}{7}$$

28. 정답 ②

n번 공을 뽑아 나온 빨간 공의 개수를 확률변수 Y라 하면 $Y = n\overline{X}$는 이항분포 $B\left(n, \dfrac{1}{5}\right)$를 따르고 평균은 $\dfrac{n}{5}$,

분산은 $\dfrac{4n}{25}$이다. n이 충분히 크면 Y는 근사적으로

정규분포 $N\left(\dfrac{n}{5}, \left(\dfrac{2\sqrt{n}}{5}\right)^2\right)$를 따르므로

$$Z = \frac{Y - \dfrac{n}{5}}{\dfrac{2\sqrt{n}}{5}}$$ 는 표준정규분포를 따른다.

$$P\left(0.12 \leq \overline{X} \leq 0.28\right) = P\left(0.12n \leq Y \leq 0.28n\right)$$

$$= P\left(\frac{0.12n - \dfrac{n}{5}}{\dfrac{2\sqrt{n}}{5}} \leq Z \leq \frac{0.28n - \dfrac{n}{5}}{\dfrac{2\sqrt{n}}{5}}\right)$$

$$= P\left(-0.2\sqrt{n} \leq Z \leq 0.2\sqrt{n}\right) \geq 0.95$$

표준정규분포에 따라 $0.2\sqrt{n} \geq 1.96$ 만족하는 자연수 n의 최솟값은 97이다.

29. 정답 69

표본공간 $S = \{1, 2, 3, 4, 5, 6, 7, 8\}$

$A = \{2, 3, 5, 7\}$이므로 $P(A) = \dfrac{1}{2}$

두 사건 A와 B가 서로 독립이기 위한 조건은
$P(A) = P(A|B)$

n이 홀수인 경우는 집합 B가 존재하지 않는다.

따라서 $a_{2n-1} = 0$

$n = 2$이면 $\{2, 3, 5, 7\}$에서 1개의 원소와 $\{1, 4, 6, 8\}$에서 1개의 원소를 선택하는 경우의 수는 $_4C_1 \times {}_4C_1 = 16$

$$\therefore a_2 = 16$$

$n = 4$이면 $\{2, 3, 5, 7\}$에서 2개의 원소와 $\{1, 4, 6, 8\}$에서 2개의 원소를 선택하는 경우의 수는 $_4C_2 \times {}_4C_2 = 36$

$$\therefore a_4 = 36$$

$n = 6$이면 $\{2, 3, 5, 7\}$에서 3개의 원소와 $\{1, 4, 6, 8\}$에서 3개의 원소를 선택하는 경우의 수는 $_4C_3 \times {}_4C_3 = 16$

$$\therefore a_6 = 16$$

$n = 8$이면 $\{2, 3, 5, 7\}$에서 4개의 원소와 $\{1, 4, 6, 8\}$에서 4개의 원소를 선택하는 경우의 수는 $_4C_4 \times {}_4C_4 = 1$

$$\therefore a_8 = 1$$

따라서

$$\sum_{n=1}^{8} a_n = 0 + 16 + 0 + 36 + 0 + 16 + 0 + 1 = 69$$

30.

23. 정답 ③

$$\lim_{n \to \infty} \frac{3n^2}{2n^2 + n} = \frac{3}{2}$$

24. 정답 ④

(i) $0 < x < 1$일 때,

$$f(x) = \int \frac{1}{x} dx = \ln x + C_1$$

(C_1은 적분상수)

(ii) $x > 1$일 때,

$$f(x) = \int \sqrt{x}\, dx = \int x^{\frac{1}{2}} dx = \frac{2}{3} x^{\frac{3}{2}} + C_2$$

(C_2는 적분상수)

함수 $f(x)$가 $x = 1$에서 연속이므로

$$0 + C_1 = \frac{2}{3} + C_2 \text{에서} \quad C_1 = \frac{2}{3} + C_2$$

$$\therefore f(e^2) - f\left(\frac{1}{e^2}\right) = \frac{2}{3} e^3 + C_2 - \left(-2 + C_1\right)$$

$$= \frac{2}{3} e^3 + \frac{4}{3}$$

따라서 $3 \times \left\{f(e^2) - f\left(\dfrac{1}{e^2}\right)\right\} = 2e^3 + 4$

25. 정답 ①

$f(x)=\dfrac{4^x}{2\ln 2}$ 에서 $f'(x)=\left(\dfrac{1}{2\ln 2}\right)\times 4^x\ln 4=4^x$ 이다.

$\displaystyle\lim_{h\to 0}\dfrac{f(g(1+2h))-f(g(1))}{h}=24$ 이므로 $2f'(g(1))g'(1)=24$

$y=f(g(x))$ 라 하면 $y=f'(g(x))g'(x)$ 이고, $x=1$ 일 때, 미분계수가 12 이므로 $f'(g(1))g'(1)=12$ 이고, $f'(g(1))=4$ 즉 $4^{g(1)}=4$ 이다. 따라서 $g(1)=1$

26. 정답 ③

$f'(x)=(x^2-ax)e^x$ 이므로 $x=0,\, x=a$ 에서 극값을 갖는다. 이때 $a=0$ 이면 $f'(x)\ge 0$ 이 되어 함수 $f(x)$ 가 극값을 갖지 않으므로 $a\ne 0$ 이다.

함수 $f(x)$ 가 $x=4$ 에서 최솟값을 가지므로 $a=4$ 이고 $f(0)=0$,

$$f(6)=\int_0^6 (t^2-4t)e^t dt$$
$$=\left[(t^2-4t)e^t\right]_0^6-\int_0^6 (2t-4)e^t dt$$
$$=\left[(t^2-4t)e^t\right]_0^6-\left[(2t-4)e^t\right]_0^6+\int_0^6 2e^t dt$$
$$=\left[(t^2-6t+6)e^t\right]_0^6=6(e^6-1)$$

이므로 함수 $f(x)$ 의 최댓값은 $6(e^6-1)$ 이다.

27. 정답 ④

$$\sum_{n=2}^{\infty}a_n=\sum_{n=1}^{\infty}a_{2n}+\sum_{n=2}^{\infty}a_{2n-1}$$
$$=\sum_{n=1}^{\infty}r^{2n}+\sum_{n=2}^{\infty}\dfrac{1}{(2n-1)(2n+1)}$$
$$=\dfrac{r^2}{1-r^2}+\sum_{n=2}^{\infty}\dfrac{1}{2}\left(\dfrac{1}{2n-1}-\dfrac{1}{2n+1}\right)$$
$$=\dfrac{r^2}{1-r^2}+\dfrac{1}{6}=\dfrac{2}{3}$$

$\dfrac{r^2}{1-r^2}=\dfrac{1}{2}$, $2r^2=1-r^2$,

$3r^2=1$

따라서 r^2 의 값은 $\dfrac{1}{3}$

28. 정답 ⑤

$h(x)=\begin{cases} f(x) & (f(x)\le g(x)) \\ g(x) & (f(x)>g(x)) \end{cases}$ 이고

$f(x)-g(x)=x\sin(\pi x)$ 이므로 닫힌구간 $[0,\,8]$ 에서

$h(x)=\begin{cases} f(x) & (2n-1\le x\le 2n) \\ g(x) & (2n-2\le x\le 2n-1) \end{cases}\quad (n=1,2,3,4)$

$$\int_0^8 h(x)dx$$
$$=\sum_{n=1}^{4}\left(\int_{2n-2}^{2n-1}g(x)dx+\int_{2n-1}^{2n}f(x)dx\right)$$
$$=\sum_{n=1}^{4}\left(\int_{2n-2}^{2n-1}\{f(x)-x\sin(\pi x)\}dx+\int_{2n-1}^{2n}f(x)dx\right)$$
$$=\sum_{n=1}^{4}\left(\int_{2n-2}^{2n}f(x)dx-\int_{2n-2}^{2n-1}x\sin(\pi x)dx\right)$$
$$=\int_0^8 f(x)dx-\sum_{n=1}^{4}\left[\dfrac{\sin(\pi x)}{\pi^2}-\dfrac{x\cos(\pi x)}{\pi}\right]_{2n-2}^{2n-1}$$
$$=\dfrac{49}{\pi}-\sum_{n=1}^{4}\dfrac{4n-3}{\pi}$$
$$=\dfrac{21}{\pi}$$

따라서 $\pi\times\displaystyle\int_0^8 h(x)dx=21$

29. 정답 4

$f(x)=\ln(x^2+1)$ 에서 $f'(x)=\dfrac{2x}{x^2+1}$ 이고

$g(x)=f'(t)(x-t)+f(t)$
$\qquad=\dfrac{2t}{t^2+1}(x-t)+\ln(t^2+1)$

이다.

$y=f(x)-g(x)$
$\qquad=\ln(x^2+1)-\dfrac{2t}{t^2+1}x+\dfrac{2t^2}{t^2+1}-\ln(t^2+1)$

에서

$y'=\dfrac{2x}{x^2+1}-\dfrac{2t}{t^2+1}=\dfrac{-2(x-t)(tx-1)}{(x^2+1)(t^2+1)}$

이고 $y''=\dfrac{-2(x^2-1)}{(x^2+1)^2}$ 이므로

$x=t$ 일 때, $y''<0$ 인 t 의 범위는 $|t|>1$ 이므로
$\qquad h(t)=f(t)-g(t)=0$

$x=\dfrac{1}{t}$ 일 때, $y''<0$ 인 t 의 범위는 $|t|<1$ 이므로

$\qquad h(t)=f\left(\dfrac{1}{t}\right)-g\left(\dfrac{1}{t}\right)=-\ln t^2+\dfrac{2(t^2-1)}{t^2+1}$

따라서 $h\left(\dfrac{1}{e}\right)=\dfrac{4}{e^2+1}$ 이므로 $(e^2+1)h\left(\dfrac{1}{e}\right)=4$

30.

수학 영역

<table>
<tr><td colspan="6" align="center">빠른 정답</td></tr>
</table>

빠른 정답

수학Ⅰ 수학Ⅱ

1	⑤	2	⑤	3	①	4	④	5	①
6	③	7	①	8	①	9	①	10	④
11	①	12	④	13	②	14	①	15	✕
16	9	17	37	18	4	19	27	20	5
21	10	22	✕						

확률과 통계

23	④	24	②	25	③	26	②	27	③
28	④	29	236	30	✕				

미적분

23	②	24	①	25	⑤	26	②	27	①
28	④	29	1	30	✕				

해설

1. 정답 ⑤

$$2^{2+\sqrt{3}} \times \left(\frac{1}{2}\right)^{-2+\sqrt{3}}$$
$$= 2^{2+\sqrt{3}} \times 2^{2-\sqrt{3}} = 2^4 = 16$$

2. 정답 ⑤

$\displaystyle\int_0^a (2x-4)\,dx = 32$ 에서 $\left[x^2 - 4x\right]_0^a = 32$

$a^2 - 4a = 32,\ (a+4)(a-8) = 0$

$a = -4$ 또는 $a = 8$

따라서 모든 실수 a의 값의 합은 $-4 + 8 = 4$

3. 정답 ①

$\sin^2\theta = 1 - \cos^2\theta = \dfrac{9}{16}$ 이고

$\dfrac{\pi}{2} < \theta < \pi$ 이므로 $\sin\theta = \dfrac{3}{4}$

따라서 $\sin(\pi + \theta) = -\sin\theta = -\dfrac{3}{4}$

4. 정답 ④

함수 $f(x)$ 가 $x = a$ 에서 연속이어야 하므로

$\displaystyle\lim_{x \to a+} x^2 = \lim_{x \to a-} (x+2) = a+2$ 이다.

$a^2 - a - 2 = 0,\ (a-2)(a+1) = 0$ 에서 $a = 2,\ -1$ 이므로

a 값의 합은 $2 + (-1) = 1$ 이다.

5. 정답 ①

$f'(x) = 3x^2 + a$ 이므로 곡선 위의 점 $(0,\ b)$ 에서의

접선의 방정식은 $y - b = a(x-0)$, 즉 $y = ax + b$ 이다.

이 직선이 두 점 $(2,\ 6),\ (3,\ b+9)$ 을 모두 지나므로

$6 = 2a + b$ 이고 $b + 9 = 3a + b$

따라서 $a = 3,\ b = 0$ 이므로

$a + b = 3$

6. 정답 ③

함수 $f(x)$가 $x=1$에서 미분가능하므로 $x=1$에서 연속이다.

$$\lim_{x \to 1-} f(x) = \lim_{x \to 1-}(ax+b) = a+b$$

$$f(1) = 2$$

$$\lim_{x \to 1+} f(x) = \lim_{x \to 1+}(2x^2-x+1) = 2$$

에서

$$a+b=2 \qquad \cdots \bigcirc$$

$$f'(x) = \begin{cases} a & (x<1) \\ 4x-1 & (x>1) \end{cases}$$

함수 $f(x)$는 $x=1$에서 미분가능하므로

$$a=3$$

$\bigcirc$에서 $b=-1$이므로

$$a-b=3-(-1)=4$$

7. 정답 ①

$y=2^x$의 그래프를 x축의 방향으로 m만큼 평행이동하면 $y=2^{x-m}$이다.

$y=\log_2 x+m$의 그래프는 $y=2^{x-m}$과 역함수 관계이므로 $y=x$에 대하여 서로 대칭인 그래프이다.

$x=4$에서 두 그래프가 만나므로, 두 그래프는 $(4,\,4)$를 지난다.

따라서 $4=\log_2 4+m$, $m=2$

8. 정답 ①

$f(x)=(x-1)(x-2)(x-a)+x+1$이다.

$f'(x)=(x-2)(x-a)+(x-1)(x-a)+(x-1)(x-2)+1$ 이므로

$f'(x)=3x^2-(2a+6)x+3a+3$이다.

$f'(x)$는 $x=\dfrac{2a+6}{6}$에서 최솟값을 갖는다.

$\dfrac{2a+6}{6}=2$이므로 $a=3$이다.

따라서 $f(3)=4$이다.

[다른 풀이]

$f(x)$는 삼차함수이므로 $f'(x)$는 이차함수이고 $x=2$에서 최솟값을 가지므로 $f'(x)$는 $x=2$에 대하여 대칭이다.

따라서 $f(x)$는 $(2,\,f(2))$에 대하여 대칭이다.

즉 두 점 $(1,\,f(1))$, $(3,\,f(3))$의 중점이 $(2,\,f(2))$이므로

$$f(2) = \frac{f(1)+f(3)}{2}$$

$$3 = \frac{2+f(3)}{2}, \quad f(3)=4$$

9. 정답 ①

함수 $y=\sin 4x$의 그래프를 x축의 방향으로 $\dfrac{\pi}{8}$만큼 평행이동하면

$$y=\sin 4\left(x-\frac{\pi}{8}\right)=\sin\left(4x-\frac{\pi}{2}\right)=-\cos 4x$$

이므로

$$g(x)=-\cos 4x$$

방정식 $\{f(x)\}^2=\dfrac{8}{3}g(x)$에서

$$\sin^2 4x = -\frac{8}{3}\cos 4x$$

$$1-\cos^2 4x = -\frac{8}{3}\cos 4x$$

$$3\cos^2 4x - 8\cos 4x - 3 = 0$$

$$(3\cos 4x+1)(\cos 4x-3)=0 \qquad \cdots\cdots \bigcirc$$

$0 \le x < \pi$, 즉 $0 \le 4x < 4\pi$일 때, $-1 \le \cos 4x \le 1$이므로

$\bigcirc$에서 $3\cos 4x+1=0$, $\cos 4x = -\dfrac{1}{3}$

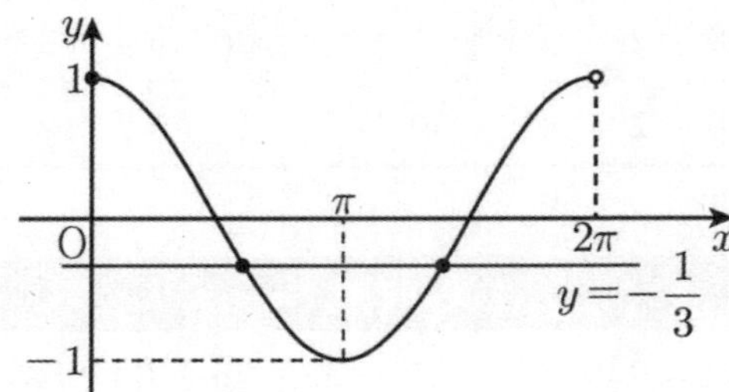

이때 $4x=X$라 하면 $0 \le X < 4\pi$이고, $\cos X = -\dfrac{1}{3}$이므로

$\cos 4x = -\dfrac{1}{3}$을 만족시키는 실수 x는 4개가 존재하므로

$\cos 4x$의 합은 $4 \times \left(-\dfrac{1}{3}\right)=-\dfrac{4}{3}$이다.

10. 정답 ④

점 C는 $y=\log_a(x+1)$ 그래프의 점근선 위에 있으므로 그 교점의 x 좌표는 $x=-1$ 이다. $\mathrm{C}\left(-1,\ -\dfrac{1}{2a}+\dfrac{2}{a}\right)$

점 A와 B에서 x축에 평행하고 점 C를 지나는 직선에 내린 수선의 발을 각각 A$'$와 B$'$라 하자.

$3\overline{\mathrm{AC}}=\overline{\mathrm{BC}}$ 이므로 $3\overline{\mathrm{A'C}}=\overline{\mathrm{B'C}}$ 이다.

$\overline{\mathrm{A'C}}=k$ 라 하면 점 A 의 x 좌표는 $-1+k$ 이고 점 B 의 x 좌표는 $-1+3k$ 이다.

점 A와 B는 직선 $y=\dfrac{1}{2a}x+\dfrac{2}{a}$ 와 곡선 $y=\log_a(x+1)$ 의 교점이므로

$$\frac{1}{2a}(-1+k)+\frac{2}{a}=\log_a k$$ 이고

$$\frac{1}{2a}(-1+3k)+\frac{2}{a}=\log_a 3k = 2$$

$-1+3k+4=4a$ 이고 $a^2=3k$ 이다.

$a^2-4a+3=0$ 이므로 $a=3\,(a>1)$ 이고 $k=3$ 이다.

따라서 점 A$(2,\,1)$ 점 B$(8,\,2)$ 이다.

$\overline{\text{AB}}=\sqrt{37}$ 이고 $(0,0)$ 에서 직선 $y=\dfrac{1}{6}x+\dfrac{2}{3}$ 까지

거리는 $\dfrac{4}{\sqrt{37}}$ 이다. 따라서 넓이는 2 이다.

11. 정답 ①

$\alpha^{2n}=\beta^{3n}=2^{120}$ 에서 $\alpha=2^{\frac{60}{n}}$, $\beta=2^{\frac{40}{n}}$

$\alpha,\ \beta$ 가 자연수가 되려면 n 은 60과 40의 약수가 되어야
하므로 20의 약수이다.

$n=1,\ 2,\ 4,\ 5,\ 10,\ 20$이 될 수 있다.

n	1	2	4	5	10	20
α	2^{60}	2^{30}	2^{15}	2^{12}	2^{6}	2^{3}
β	2^{40}	2^{20}	2^{10}	2^{8}	2^{4}	2^{2}
$\alpha\beta$	2^{100}	2^{50}	2^{25}	2^{20}	2^{10}	2^{5}

$n=20$ 일 때, $\alpha\beta=2^5$ 이므로 $\alpha\beta\geq 2^{10}$ 를 만족시키지 못한다.

따라서 구하고자 하는 n의 값의 합은

$1+2+4+5+10=22$

12. 정답 ④

$f'(x)=3x^2-6x+3=3(x-1)^2$ 이므로

$x=1$에서 최솟값 $f'(1)=0$을 갖는다.

$f'(1)=0$이므로 $y=f(x)$ 위의 점 A$(1,\,2)$에서의 접선의
방정식은 $y=2$이고 이 직선이 y축과 만나는 점의 좌표는
B$(0,\,2)$이다.

곡선 위의 점 $(t,\,f(t))$ (단, $t\neq 1$)에서

접선의 방정식을 구하면 $y-f(t)=f'(t)(x-t)$이다.

이 직선이 점 B$(0,\,2)$를 지나므로

$2-\left(t^3-3t^2+3t+1\right)=3(t-1)^2(0-t)$

$-t^3+3t^2-3t+1=-3t(t-1)^2$

$(t-1)^3=3t(t-1)^2$

$t\neq 1$이므로 $t-1=3t$

$t=-\dfrac{1}{2}$ 일 때 $f\left(-\dfrac{1}{2}\right)=-\dfrac{11}{8}$ 이므로

점 C$\left(-\dfrac{1}{2},\ -\dfrac{11}{8}\right)$

그러므로 $\triangle\text{ABC}=\dfrac{1}{2}\times 1\times\left(2+\dfrac{11}{8}\right)=\dfrac{27}{16}$

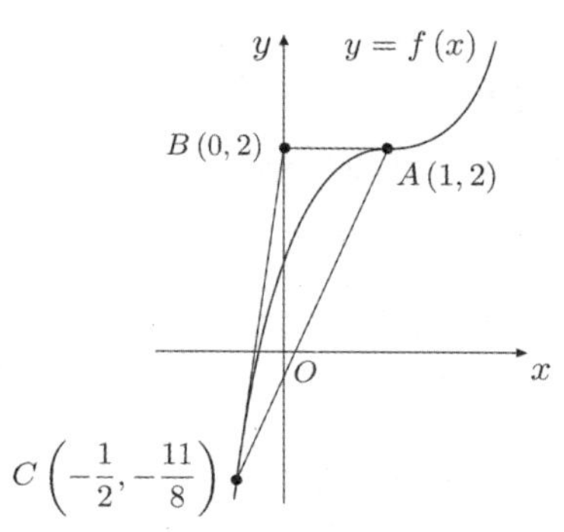

13. 정답 ②

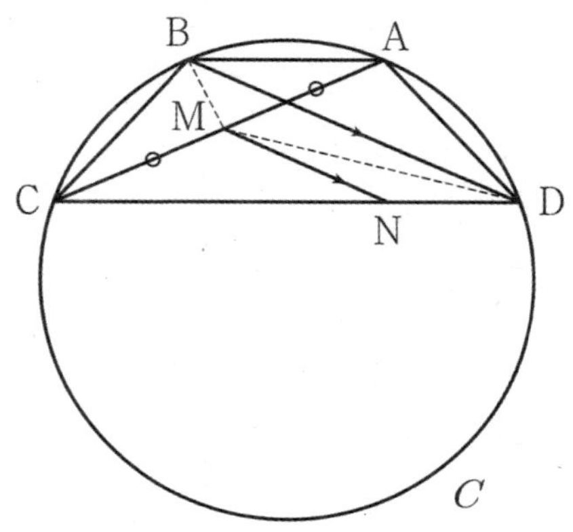

삼각형BMD 의 넓이와 삼각형 BND 의 넓이는 같다.
(밑변이 BD 로 같고 평행선 사이에 끼어있기 때문에 두
삼각형의 높이도 같다.)

따라서 사각형 BNDA 의 넓이와 사각형 BMDA 의
넓이가 같다.

사각형 BMDA 의 넓이는 사각형 ABCD 의 넓이의
절반이다.

(삼각형 BMA 의 넓이는 삼각형 BCA 의 넓이의
절반이고, 삼각형 MDA 의 넓이는 삼각형 ACD 의
넓이의 절반이기 때문이다.)

따라서 사각형 BNDA 의 넓이는 사각형 ABCD 넓이의
절반이다.

$\angle\text{BCA}=\angle\text{ACD}=\angle\text{CDB}=\theta$ 라 하자.

사인법칙에 의하여 $\dfrac{4}{\sin\theta}=\dfrac{16\sqrt{7}}{7}$, $\sin\theta=\dfrac{\sqrt{7}}{4}$, $\cos\theta=\dfrac{3}{4}$

$\overline{\text{CA}}=2\overline{\text{BC}}\times\cos\theta=6$

삼각형 ABC 의 넓이는

$\dfrac{1}{2}\times\overline{\text{CA}}\times\overline{\text{CB}}\times\sin\theta=\dfrac{1}{2}\times 6\times 4\times\dfrac{\sqrt{7}}{4}=3\sqrt{7}$

삼각형 ACD 에서

코사인법칙에 의하여

$\overline{\text{AD}}^2=\overline{\text{AC}}^2+\overline{\text{CD}}^2-2\times\overline{\text{AC}}\times\overline{\text{CD}}\cos\theta$

$\overline{\text{CD}}=x$ 라 하면 $16=36+x^2-2\times 6\times x\times\dfrac{3}{4}$

$x^2 - 9x + 20 = 0, \ (x-5)(x-4) = 0$

$\overline{CD} > \overline{AB}$ 이므로 $x > 4$ 에서 $x = 5$

따라서 삼각형 CDA 의 넓이는

$$\frac{1}{2} \times \overline{CA} \times \overline{CD} \times \sin\theta = \frac{1}{2} \times 6 \times 5 \times \frac{\sqrt{7}}{4} = \frac{15}{4}\sqrt{7}$$

따라서 사각형 ABCD 의 넓이는 삼각형 ABC와 삼각형 CDA의 넓이의 합이므로

$$3\sqrt{7} + \frac{15\sqrt{7}}{4} = \frac{27\sqrt{7}}{4}$$

따라서 사각형 BNDA 의 넓이는 사각형 ABCD의 넓이의

절반이므로 $\dfrac{27\sqrt{7}}{8}$ 이다.

14. 정답 ①

$2\cos^2\dfrac{\pi}{2}x > \sin\dfrac{\pi}{2}x + 1$ 에서

$2 - 2\sin^2\dfrac{\pi}{2}x > \sin\dfrac{\pi}{2}x + 1$

$2\sin^2\dfrac{\pi}{2}x + \sin\dfrac{\pi}{2}x - 1 < 0$

$\left(2\sin\dfrac{\pi}{2}x - 1\right)\left(\sin\dfrac{\pi}{2}x + 1\right) < 0$

$-1 < \sin\dfrac{\pi x}{2} < \dfrac{1}{2}$

자연수 n 에 대하여 n 이 홀수이면

$\sin\dfrac{\pi n}{2} = 1$ 또는 $\sin\dfrac{\pi n}{2} = -1$

이므로 $x \notin A$ 이고

$\sin\dfrac{\pi}{2}n = 1$ 일 때 $f(n) = 0$

$\sin\dfrac{\pi}{2}n = -1$ 일 때 $f(n) = 2$ 이다.

또 n 이 짝수이면

$\sin\dfrac{\pi}{2}n = 0$

이므로 $x \in A$ 이고 $f(n) = \cos n\pi = 1$ 이다.

그러므로

$$\sum_{k=1}^{10} kf(2k) = \sum_{k=1}^{10} k = \frac{10 \times 11}{2} = 55 \qquad \cdots\cdots \ \text{㉠}$$

$\displaystyle\sum_{k=1}^{m} kf(2k-1)$ 에서, k 가 홀수번째 일 때는 $f(2k-1) = 0$

짝수번째 일 때는 $f(2k-1) = 2$ 이므로

m 이 짝수일 때

$$\sum_{k=1}^{m} kf(2k-1) = 2 \times (2 + 4 + \cdots + m)$$

$$= 2 \times \frac{2+m}{2} \times \frac{m}{2} = \frac{m(m+2)}{2}$$

㉠에 따라 $\dfrac{m(m+2)}{2} \geq 55, \ m(m+2) \geq 110$ 이므로

m 의 최솟값은 10

m 이 홀수일 때

$$\sum_{k=1}^{m} kf(2k-1)$$

$$= 2 \times (2 + 4 + \cdots + m - 1)$$

$$= 2 \times \frac{2+m-1}{2} \times \frac{m-1}{2}$$

$$= \frac{(m+1)(m-1)}{2}$$

㉠에 따라 $\dfrac{(m+1)(m-1)}{2} \geq 55, \ (m+1)(m-1) \geq 110$

이므로 m 의 최솟값은 11

따라서 $p = 10, \ f(p) = f(10) = 1$ 이므로

$p + f(p) = 10 + 1 = 11$ 이다.

15.

16. 정답 9

$x > 0, \ x - 5 > 0$ 에서 $x > 5$ $\qquad \cdots$ ㉠

$\log_3 x + \log_3(x-5) = 2\log_3 6$ 에서 $\log_3 x(x-5) = \log_3 6^2$

$\qquad x(x-5) = 36, \ x^2 - 5x - 36 = 0$

$\qquad (x+4)(x-9) = 0$

$\qquad \therefore \ x = -4$ 또는 $x = 9$ $\qquad \cdots$ ㉡

따라서 ㉠과 ㉡에서 구하는 해는 $x = 9$

17. 정답 37

$\dfrac{11}{n^2+2n} = \dfrac{11}{n(n+2)} = \dfrac{11}{2}\left(\dfrac{1}{n} - \dfrac{1}{n+2}\right)$ 에 $n = 2$ 부터

$n = 10$ 까지 대입하여 나열하면

$\dfrac{11}{2}\left(\dfrac{1}{2} + \dfrac{1}{3} - \dfrac{1}{11} - \dfrac{1}{12}\right) = \dfrac{29}{8}$ 이므로

$p + q = 37$

18. 정답 4

$a_1 = x$ 라 하면

$a_2 = x^2 - k, a_3 = x^3 - kx - k$ 이다.

$x^2 - k = x^3 - kx - k$ 이므로

$k = x(x-1)$ 이다.

$x(x-1)$ 은 연속된 두 수이므로 짝수이다. 짝수 중에서

소수는 2 뿐이므로

$x = 2$ 일 때, $k = 2$ 이다.

$a_1 = 2, a_2 = 2, a_3 = 2, a_4 = 2, a_5 = 2 \cdots$

$ka_5 = 4$ 이다.

19. 정답 27

조건 (가)에서 함수 $f(x)=\tan\left(\dfrac{a}{2}x+3b\right)$의 주기가

$\dfrac{3\pi}{4}$이므로

$\dfrac{2\pi}{a}=\dfrac{3\pi}{4}$에서 $a=\dfrac{8}{3}$

함수 $y=\tan\dfrac{4}{3}x$의 그래프의 점근선의 방정식은

$\dfrac{4}{3}x=n\pi+\dfrac{\pi}{2}$ (n은 정수)에서

$x=\dfrac{3n}{4}\pi+\dfrac{3\pi}{8}$

함수 $f(x)=\tan\left(\dfrac{4}{3}x+3b\right)=\tan\dfrac{4}{3}\left(x+\dfrac{9b}{4}\right)$의 그래프는

함수 $y=\tan\dfrac{4}{3}x$의 그래프를 x축의 방향으로

$-\dfrac{9b}{4}$ $\left(-\dfrac{3}{8}\pi<-\dfrac{9b}{4}<0\right)$만큼 평행이동한 것이므로

함수 $f(x)=\tan\left(\dfrac{4}{3}x+3b\right)$의 그래프의 점근선의 방정식은

$x=\dfrac{3n}{4}\pi+\dfrac{3\pi}{8}-\dfrac{9b}{4}$

조건 (나)에서 함수 $y=f(x)$의 그래프와 만나지 않는

직선 $x=k$는 함수 $y=f(x)$의 그래프의 점근선이고,

양의 실수 k의 최솟값이 $\dfrac{1}{8}\pi$이므로 $\dfrac{3}{8}\pi-\dfrac{9}{4}b=\dfrac{1}{8}\pi$

$b=\dfrac{1}{9}\pi$

따라서 $f(x)=\tan\left(\dfrac{4}{3}x+\dfrac{\pi}{3}\right)$이므로

$a=\dfrac{8}{3}$, $b=\dfrac{1}{9}\pi$

$\therefore \dfrac{8\pi}{ab}=\dfrac{8\pi}{\dfrac{8\pi}{27}}=27$

이다.

20. 정답 5

$a>0$이므로 함수 $f(x)$의 그래프는 다음과 같다.

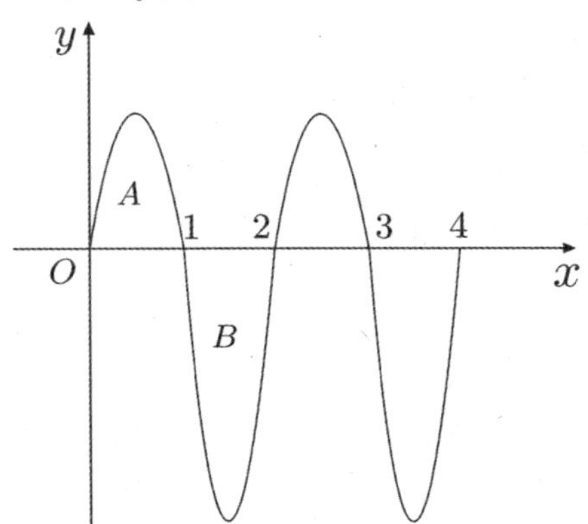

함수 $f(x)$와 x축으로 둘러싸인 부분의 넓이 중

$0\le x\le 1$에서의 넓이를 A, $1\le x\le 2$에서의 넓이를

B라 하자.

$g\left(\dfrac{5}{2}\right)=\displaystyle\int_{\frac{5}{2}}^{\frac{9}{2}}\left|f(t)-f\left(\dfrac{5}{2}\right)\right|dt=B+2\times f\left(\dfrac{1}{2}\right)-A$

$\qquad\qquad =B+2\times\dfrac{1}{4}a-A$

$g(2)=\displaystyle\int_{2}^{4}|f(t)-f(2)|dt=\int_{0}^{2}|f(t)|dt=A+B$

$g\left(\dfrac{5}{2}\right)+g(2)=7$에서 $\dfrac{1}{2}a+2B=7$

$B=\dfrac{a}{3}$이므로 $\dfrac{7}{6}a=7$

$\therefore a=6$이다.

따라서 $A=1$, $B=2$이다.

$g\left(\dfrac{3}{2}\right)=\displaystyle\int_{\frac{3}{2}}^{\frac{7}{2}}\left|f(t)-f\left(\dfrac{3}{2}\right)\right|dt$

$\qquad =A+2\times\dfrac{1}{2}a-B$

$\qquad =1+6-2=5$

21. 정답 10

직선 $y=x$가 원점에 대하여 대칭인 직선이므로

직선 $y=g(x)$는 점 $(1,\ 0)$에 대하여 대칭인 직선이다.

따라서 직선 $y=g(x-2n)$은 점 $(2n+1,\ 0)$에 대하여

대칭이고 기울기가 1인 직선이다.

함수 $y=\dfrac{1}{2\pi}\tan\pi x$의 그래프는 함수 $y=\dfrac{1}{2\pi}\tan\pi x$의

그래프가 x축과 만나는 모든 점에 대하여 대칭이고

점 $(2n+1,\ 0)$은 함수 $y=\dfrac{1}{2\pi}\tan\pi x$의 그래프 위의

점이므로 함수 $y=\dfrac{1}{2\pi}\tan\pi x$의 그래프는

점 $(2n+1,\ 0)$에 대하여 대칭이다.

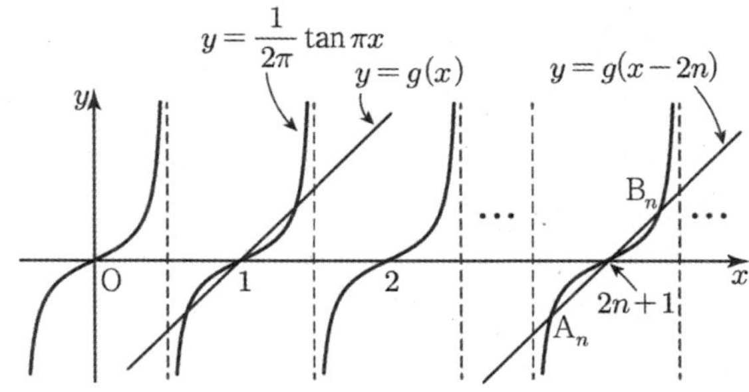

따라서 그림과 같이 곡선 $y=\dfrac{1}{2\pi}\tan\pi x$와 직선

$y=g(x-2n)$이 모두 점 $(2n+1,\ 0)$에 대하여 대칭이므로

두 함수의 그래프의 교점 A_n, B_n도 점 $(2n+1,\ 0)$에

대하여 대칭이다.

즉, $\dfrac{a_n+b_n}{2}=2n+1$에서 $a_n+b_n=4n+2$

따라서 $c_n=4n+2$

그러므로 수열 $\{c_n\}$은 첫째항이 6이고 공차가 4인
등차수열이다.

$S_n=\dfrac{n\{12+4(n-1)\}}{2}=2n^2+4n$이므로

$2n^2+4n>200$에서 $n(n+2)>100$을 만족시키는
자연수 n의 최솟값은 10이다.

22.

확률과 통계

23. 정답 ④

$\mathrm{E}(X)=n\times\dfrac{1}{4}=20$

따라서 $n=80$

24. 정답 ②

여사건을 이용한 풀이를 이용하도록 하자.
전체에서 앞면과 뒷면이 나오는 횟수가 같은 사건의
확률을 빼자.

$1-{}_4\mathrm{C}_2\left(\dfrac{1}{2}\right)^4=\dfrac{5}{8}$

25. 정답 ③

$\overline{X}=0$ 이 되는 경우를 순서쌍으로 표현하면
$(-1,1)$, $(0,0)$, $(1,-1)$ 이다.

$\mathrm{P}(\overline{X}=0)=2a^2+b^2=\dfrac{1}{2}$

$2a+b=1$이므로 $a=\dfrac{1}{6}$, $b=\dfrac{2}{3}$ 또는 $a=\dfrac{1}{2}$, $b=0$이다.

$b\neq0$이므로 $a=\dfrac{1}{6}$, $b=\dfrac{2}{3}$

$\mathrm{E}(X)=0$, $\mathrm{E}(X^2)=\dfrac{1}{3}$이므로

$V(X)=\dfrac{1}{3}$이고, $\mathrm{V}(\overline{X})=\dfrac{1}{6}$이다.

26. 정답 ②

수험생의 시험 성적을 확률변수 X라 하면
X는 정규분포 $\mathrm{N}(83,\ 3^2)$을 따르므로

확률변수 $Z=\dfrac{X-83}{3}$은 표준정규분포 $\mathrm{N}(0,\ 1)$을 따른다.

어썸대학교에 합격할 확률은

$$\begin{aligned}
\mathrm{P}(X\geq89)&=\mathrm{P}\left(Z\geq\dfrac{89-83}{3}\right)\\
&=\mathrm{P}(Z\geq2)\\
&=0.5-\mathrm{P}(0\leq Z\leq2)\\
&=0.5-0.48=0.02
\end{aligned}$$

이므로 합격한 학생수는 $5000\times0.02=100$

합격생 중 확률과 통계를 수강했던 학생수를 $3x$, 확률과
통계를 수강하지 않았던 학생수를 x라 하면 전체
합격자수 $4x=100$ 명이므로 $x=25$ 명이다.

따라서 $3x=75$

27. 정답 ③

$\mathrm{P}(A\cap B)=\mathrm{P}(A)\mathrm{P}(B)$ 임을 확인하자.

$\mathrm{P}(B)=\dfrac{1}{5}$

(i) $n=1$ 일 때,

$\quad A=\{2,\ 3,\ 4,\ 5,\ 6,\ 7,\ 8,\ 9,\ 10\}$

$\quad \mathrm{P}(A)=\dfrac{9}{10}$, $\mathrm{P}(A\cap B)=\dfrac{1}{5}$

$\quad$독립이 아니다.

(ii) $n=2$일 때,

$\quad A=\{1,\ 3,\ 5,\ 7,\ 9\}$

$\quad \mathrm{P}(A)=\dfrac{1}{2}$, $\mathrm{P}(A\cap B)=\dfrac{1}{10}$

$\quad$독립이다.

(iii) $n=3$ 일 때,

$\quad A=\{1,\ 2,\ 4,\ 5,\ 7,\ 8,\ 10\}$

$\quad \mathrm{P}(A)=\dfrac{7}{10}$, $\mathrm{P}(A\cap B)=\dfrac{1}{10}$

$\quad$독립이 아니다.

(iv) $n=4$일 때,

$\quad A=\{1,\ 3,\ 5,\ 7,\ 9\}$

$\quad \mathrm{P}(A)=\dfrac{1}{2}$, $\mathrm{P}(A\cap B)=\dfrac{1}{10}$

$\quad$독립이다.

(v) $n=5$일 때,

$\quad A=\{1,\ 2,\ 3,\ 4,\ 6,\ 7,\ 8,\ 9\}$

$\quad \mathrm{P}(A)=\dfrac{4}{5}$, $\mathrm{P}(A\cap B)=\dfrac{1}{5}$

$\quad$독립이 아니다.

(ⅵ) $n=6$일 때,
$$A=\{1,\ 5,\ 7\}$$
$$P(A)=\frac{3}{10},\ P(A\cap B)=0$$
독립이 아니다.

(ⅶ) $n=7$일 때,
$$A=\{1,\ 2,\ 3,\ 4,\ 5,\ 6,\ 8,\ 9,\ 10\}$$
$$P(A)=\frac{9}{10},\ P(A\cap B)=\frac{1}{5}$$
독립이 아니다.

(ⅷ) $n=8$일 때,
$$A=\{1,\ 3,\ 5,\ 7,\ 9\}$$
$$P(A)=\frac{1}{2},\ P(A\cap B)=\frac{1}{10}$$
독립이다.

(ⅸ) $n=9$일 때,
$$A=\{1,\ 2,\ 4,\ 5,\ 7,\ 8,\ 10\}$$
$$P(A)=\frac{7}{10},\ P(A\cap B)=\frac{1}{10}$$
독립이 아니다.

(ⅹ) $n=10$일 때,
$$A=\{1,\ 3,\ 7,\ 9\}$$
$$P(A)=\frac{2}{5},\ P(A\cap B)=\frac{1}{10}$$
독립이 아니다.

따라서 만족하는 n 값의 합은 $2+4+8=14$

[다른 풀이]

$$P(A)P(B)=P(A\cap B)$$

$\dfrac{1}{5}P(A)=P(A\cap B)$에서 $P(A\cap B)=0$ 또는 $\dfrac{1}{10}$ 또는 $\dfrac{1}{5}$이다.

10이하의 자연수 n에 대하여 집합 A는 공집합일 수 없으므로 $P(A\cap B)\neq0$ 이고

$P(A)\neq1$ 이므로 $P(A)=\dfrac{1}{2}$, $P(A\cap B)=\dfrac{1}{10}$이다.

$P(A\cap B)=\dfrac{1}{10}$ 이므로 n의 값은 6을 제외한 2의 배수

또는 3의 배수이어야 하고, 6을 제외한 3의 배수인 $n=3$, $n=9$인 경우

$n(A)=7$이므로 $n=2$, $n=4$, $n=8$ 이다.

28. 정답 ④

A, B, C를 제외한 6명의 학생 중 3명을 선택하는 경우 : $_6C_3$

A, B, C는 이웃하므로 하나로 취급하여 A, B, C를 포함한 6명의 학생이 원탁의 둘러앉는 경우 : $\dfrac{4!}{4}$

A와 B, C가 자리를 바꾸는 경우 : $3!$

따라서 $_6C_3\times\dfrac{4!}{4}\times3!=720$ 이다.

29. 정답 236

사건 A를 뽑은 카드에 적힌 4개의 수의 곱이 짝수가 되는 경우

사건 B를 갑이 뽑은 카드에 적힌 2개의 수의 합이 6이 되는 경우라 하자.

$P(A)=1-($뽑은 카드에 적인 4개의 수의 곱이 홀수$)$

$$=1-\frac{{_4C_2}\times{_2C_2}}{{_8C_2}\times{_6C_2}}$$

$$=1-\frac{6}{420}$$

$$=\frac{207}{210}$$

$$=\frac{69}{70}$$

$A\cap B$가 가능한 경우를 표로 표현하면

갑	경우의 수	을	경우의수
카드 1 카드 5	흰색카드 1 검은색카드 5 (1가지)	6개 중 2개 뽑을 때 홀수 2개 뽑는 경우 제외	$_6C_2-1$
카드 2 카드 4	흰색카드2 흰색카드4 이거나 흰색카드 2 검은색카드 4 (2가지)		$_6C_2$
카드 3 카드 3	흰색카드 3 검은색카드 3 (1가지)	6개 중 2개 뽑을 때 홀수 2개 뽑는 경우 제외	$_6C_2-1$

$$P(A\cap B)=\frac{14\times2+15\times2}{{_8C_2}\times{_6C_2}}=\frac{29}{210}$$

$$P(B\,|\,A)=\frac{\dfrac{29}{210}}{\dfrac{207}{210}}=\frac{29}{207}$$

따라서 $p+q=236$

30.

미적분

23. 정답 ②

$$\lim_{x\to0}\frac{e^{2x}-1}{3x^2+6x}=\lim_{x\to0}\left(\frac{e^{2x}-1}{2x}\times\frac{2x}{3x^2+6x}\right)$$

$$=\lim_{x\to0}\frac{e^{2x}-1}{2x}\times\lim_{x\to0}\frac{2}{3x+6}$$

$$=1\times\frac{1}{3}=\frac{1}{3}$$

24. 정답 ①

$$f(x) = \int x \sin x \, dx$$
$$= x(-\cos x) + \int \cos x \, dx$$
$$= -x \cos x + \sin x + C$$

함수 $f(x)$ 가 원점을 지나므로 $(0, 0)$ 을 대입하면 $C = 0$
$$f(x) = -x \cos x + \sin x$$

따라서 $f\left(\dfrac{\pi}{2}\right) = 1$

25. 정답 ⑤

$$S = \int_0^1 x e^{x^2} dx$$

$x^2 = t$ 로 치환하면 $x \, dx = \dfrac{1}{2} dt$ 이고 위끝은 1,

아래 끝은 0으로 동일하다.

따라서

$$\int_0^1 x e^{x^2} dx = \int_0^1 \frac{1}{2} e^t dt$$
$$= \frac{1}{2} \left[e^t \right]_0^1$$
$$= \frac{(e-1)}{2}$$

26. 정답 ②

매개변수 $t\,(t > 0)$ 으로 나타내어진 곡선 $x = e^{-t}\sin t$,
$y = e^{-t}\cos t$ 에 대하여

$$\frac{dx}{dt} = e^{-t}(\cos t - \sin t)$$

$$\frac{dy}{dt} = -e^{-t}(\cos t + \sin t) \text{에서}$$

$$\sqrt{\left(\frac{dx}{dy}\right)^2 + \left(\frac{dy}{dt}\right)^2} = \sqrt{2}\, e^{-t} \text{이므로}$$

$t = 0$ 에서 $t = k$ 까지 곡선의 길이는

$$\int_0^k \sqrt{2}\, e^{-t} dt = -\sqrt{2}\left[e^{-t}\right]_0^k$$
$$= -\sqrt{2}\left(\frac{1}{e^k} - 1\right)$$
$$= \frac{3\sqrt{2}}{4}$$

이므로 $\dfrac{1}{e^k} = \dfrac{1}{4}$ 이다.

따라서 $k = \ln 4$ 이다.

27. 정답 ①

$\ln|s - t + 1| = t$ 을 s 에 관한 식으로 나타내면

$|s - t + 1| = e^t \ \Rightarrow \ s = t + e^t - 1$ (모든 t 에 대하여 $s > 0$)

한편, $\dfrac{dx}{dt} = f'(t)$, $\dfrac{dy}{dt} = 2e^{\frac{t}{2}}$ 이므로

$t = 2$ 일 때, 점 P 의 속도는 $(f'(2),\ 2e)$ 에서

$f'(2) = 1 - e^2$ 이다.

또한, $\dfrac{d^2x}{dt^2} = f''(t)$, $\dfrac{d^2y}{dt^2} = e^{\frac{t}{2}}$ 이므로

$t = 4$ 일 때 점 P의 가속도는 $(f''(4),\ e^2)$ 에서

$f''(4) = a$, $b = e^2$ 이다.

따라서 $\displaystyle\int_0^t \sqrt{\left(\dfrac{dx}{dk}\right)^2 + \left(\dfrac{dy}{dk}\right)^2}\, dk = s$ 이므로

$$\int_0^t \sqrt{(f'(k))^2 + \left(2e^{\frac{k}{2}}\right)^2}\, dk = t + e^t - 1 \text{이다.}$$

양변을 t 에 대하여 미분하면

$$\sqrt{(f'(t))^2 + 4e^t} = 1 + e^t$$

양변을 제곱하여 정리하면

$$\{f'(t)\}^2 = (1 - e^t)^2$$

$f'(2) = 1 - e^2$ 이므로 $f'(t) = 1 - e^t$ 이다.

그러므로 $f''(t) = -e^t$

따라서 $a = f''(4) = -e^4$

$$ab = -e^6$$

28. 정답 ④

a_2 에 따른 a_5 를 구해보자.

a_2	a_3	a_4	a_5
-2	$-2+p$ (-)	$-2+2p$ (-)	$-2+3p$
	$-2+p$ (-)	$-2+2p$ (+)	$1-p$
	$-2+p$ (+)	$1-\dfrac{1}{2}p$ (-)	$1+\dfrac{1}{2}p$

$a_3 + a_5 = \dfrac{7}{2}$ 이므로

(i) $a_5 = -2 + 3p$ 일 때, $p = \dfrac{15}{8}$ 이다. $a_3, a_4 < 0$ 이어야
하는데 $a_4 > 0$ 이므로 모순

(ii) $a_5 = 1 - p$ 일 때, $a_3 + a_5 = -1 \neq \dfrac{7}{2}$ 이므로 모순

(iii) $a_5 = 1 + \dfrac{1}{2}p$ 일 때, $p = 3$ 일 때, 조건을 만족한다.

이 경우 수열을 나열하면
$a_1 = -5,\ 4$

$$a_2=-2, \ a_3=1, \ a_4=-\frac{1}{2}, \ a_5=\frac{5}{2},$$

$$a_6=-\frac{5}{4}, \ a_7=\frac{7}{4}, \ a_8=-\frac{7}{8}, \ \cdots$$

이다.

$a_{2n}+1$ 을 나열하면

$$a_2+1=-1, \ a_4+1=\frac{1}{2}, \ a_6+1=-\frac{1}{4},$$

$$a_8+1=\frac{1}{8}, \ a_{10}+1=-\frac{1}{16}, \ \cdots$$

$\displaystyle\sum_{n=1}^{\infty}\left(a_{2n}+1\right)$ 은 첫째항이 -1, 공비가 $-\frac{1}{2}$ 인

등비급수의 합이다.

$\displaystyle\sum_{n=1}^{\infty}\left(a_{2n-1}-2\right)=-2\sum_{n=1}^{\infty}\left(a_{2n}+1\right)$ 인 관계가 성립하려면

$a_1=4$ 가 되어야 한다.

$$a_1-2=2, \ a_3-2=-1, \ a_5-2=\frac{1}{2},$$

$$a_7-2=-\frac{1}{4}, \ a_9-2=\frac{1}{8}, \ a_{11}-2=-\frac{1}{16}, \ \cdots$$

$\displaystyle\sum_{n=1}^{\infty}\left(a_{2n-1}-2\right)$ 는 첫째항이 2, 공비가 $-\frac{1}{2}$ 인 등비급수의

합이다.

따라서 $\displaystyle\sum_{n=1}^{\infty}\left(a_{2n-1}-2\right)=-2\sum_{n=1}^{\infty}\left(a_{2n}+1\right)$ 인 관계가 성립하게

된다. 따라서 이때, $p=3$, $a_1=4$, $a_5=\frac{5}{2}$ 이므로

$p \times a_1 \times a_5 = 30$ 이다.

29. 정답 1

$f(x)=\dfrac{2\ln x}{x}$ 에서 $(x>0)$

$$f'(x)=\frac{\frac{2}{x}\times x-2\ln x}{x^2}=\frac{2-2\ln x}{x^2}$$

$$f''(x)=\frac{-\frac{2}{x}\times x^2-(2-2\ln x)\times 2x}{x^4}$$

$$=\frac{-6+4\ln x}{x^3}$$

$f'(x)=0$ 에서 $\quad 2-2\ln x=0$

$$\ln x=1 \qquad \therefore \ x=e$$

$f''(x)=0$ 에서 $\quad -6+4\ln x=0$

$$\ln x=\frac{3}{2} \qquad \therefore \ x=e\sqrt{e}$$

x	0	$\cdots$	e	$\cdots$	$e\sqrt{e}$	$\cdots$
$f'(x)$		$+$	0	$-$	$-$	$-$
$f''(x)$		$-$	$-$	$-$	0	$+$
$f(x)$		$\nearrow$	$\dfrac{2}{e}$	$\searrow$	$\dfrac{3}{e\sqrt{e}}$	$\searrow$

또 $\displaystyle\lim_{x\to 0+}\left(\frac{2\ln x}{x}\right)=-\infty$, $\displaystyle\lim_{x\to\infty}\left(\frac{2\ln x}{x}\right)=0$ 이므로

함수 $y=f(x)$ 의 그래프는 다음 그림과 같다.

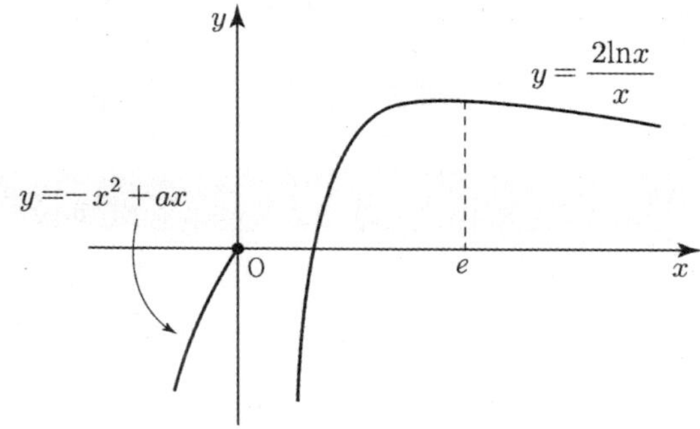

$xf(t)=tf(x)$ 에서 $f(x)=\dfrac{f(t)}{t}x$ 이므로 x 에 대한

방정식 $xf(t)=tf(x)$ 의 서로 다른 실근은 곡선

$y=f(x)$ 와 직선 $y=\dfrac{f(t)}{t}x$ 의 교점의 x 좌표이다.

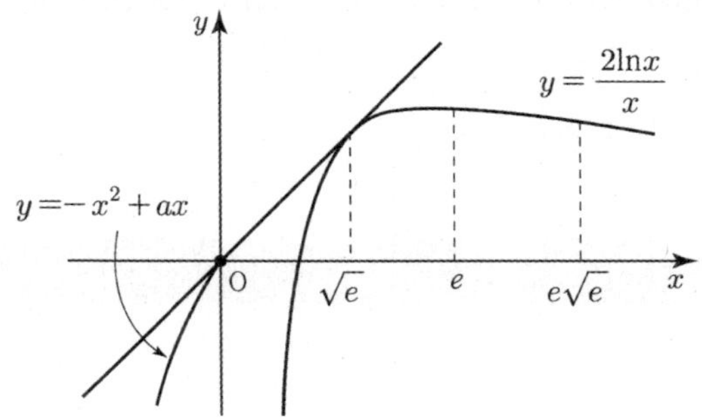

먼저 $y=\dfrac{f(t)}{t}x$ 가 원점에서 $y=-x^2+ax$ 에 접하는

경우를 살펴보면 점 $(t, f(t))$ 에서 $y=\dfrac{2\ln x}{x}$ 에 접할

때이므로

$$a=\frac{2(1-\ln t)}{t^2}, \ \frac{4\ln t-2}{t^2}=0$$

즉 $t=\sqrt{e}$ 일 때이므로 $k=\sqrt{e}$, $a=\dfrac{1}{e}$

이때, 접선의 방정식은 $y=\dfrac{1}{e}x$ 가 된다.

$g(k)<\displaystyle\lim_{t\to k-}g(t)$ 를 만족하려면 $\displaystyle\lim_{x\to 0-}\dfrac{f(x)}{x}=a\geq\dfrac{1}{e}$ 이어야

한다.

$$\therefore \ ak^2 \geq 1$$

30.

수학 영역

<table>
<tr><td colspan="6" align="center">빠른 정답</td></tr>
</table>

빠른 정답

수학 I · 수학 II

1	③	2	①	3	②	4	⑤	5	③
6	②	7	②	8	⑤	9	⑤	10	⑤
11	③	12	③	13	②	14	①	15	✕
16	8	17	12	18	4	19	90	20	64
21	90	22	✕						

확률과 통계

23	③	24	②	25	⑤	26	⑤	27	①
28	⑤	29	790	30	✕				

미적분

23	⑤	24	②	25	②	26	①	27	④
28	⑤	29	32	30	✕				

해설

1. 정답 ③

$$3^{(1+\log_3 2 - 1 + \log_3 2)} = 3^{2\log_3 2} = 3^{\log_3 4} = 4$$

2. 정답 ①

$$\int_1^2 (4x^3 - 2)\,dx = \left[x^4 - 2x \right]_1^2$$
$$= (2^4 - 2\times 2) - (1 - 2\times 1)$$
$$= 12 + 1 = 13$$

3. 정답 ②

등비수열 $\{a_n\}$의 첫째항을 a, 공비를 r라 할 때,

$a_3 = ar^2 = 5$, $a_2 a_5 = a^2 r^5 = 10$이다.

두 식을 나누면 $\dfrac{a_2 a_5}{a_3} = \dfrac{a^2 r^5}{ar^2} = ar^3 = 2$이므로 $a_4 = 2$이다.

4. 정답 ⑤

$\lim\limits_{x \to 0+} f(x) = 0$이므로 $a = 0$

$\lim\limits_{x \to 0-} f(x) = 3$

5. 정답 ③

$$\tan\left(\frac{\pi}{2} + \theta\right) = -\frac{1}{\tan\theta} = -\frac{2}{3}$$
$$\tan(\pi + \theta) = \tan\theta = \frac{3}{2}$$
$$\tan\left(\frac{3}{2}\pi + \theta\right) = \tan\left(\frac{\pi}{2} + \theta\right) = -\frac{2}{3}$$
$$\tan(2\pi + \theta) = \tan\theta = \frac{3}{2}$$

따라서

$$\sum_{k=1}^{4} \tan\left(\frac{k\pi}{2} + \theta\right) = 2\left\{\left(-\frac{2}{3}\right) + \frac{3}{2}\right\}$$
$$= -\frac{4}{3} + 3 = \frac{5}{3}$$

6. 정답 ②

$f(x) = x^3 - \dfrac{3}{2}x^2 - 6x + a$ 라 하면 $f(x)$ 의 극댓값 또는

극솟값이 0 이어야 한다.

$f'(x) = 3x^2 - 3x - 6 = 3(x+1)(x-2) = 0$ 이므로
함수 $f(x)$ 의 극댓값과 극솟값은 각각

$f(-1) = a + \dfrac{7}{2},\ f(2) = a - 10$

따라서 $f(-1)f(2) = \left(a + \dfrac{7}{2}\right)(a-10) = 0$ 에서

$a = -\dfrac{7}{2}$ 또는 $a = 10$

따라서 구하는 모든 상수 a 의 값의 곱은

$-\dfrac{7}{2} \times 10 = -35$

7. 정답 ②

(i) $x < 2$ 일 때, $-(2^x - 4) \times 2^x = 1$ 이고

   $2^x = t\ (t < 4)$ 라 하면 $t^2 - 4t + 1 = 0$,

   $t = 2 + \sqrt{3},\ 2 - \sqrt{3}$

   $x = \log_2(2 - \sqrt{3}),\ \log_2(2 + \sqrt{3})$

(ii) $x \geq 2$ 일 때, $(2^x - 4) \times 2^x = 1$ 이고

   $2^x = t\ (t \geq 4)$ 라 하면

   $t^2 - 4t - 1 = 0$, $t = 2 + \sqrt{5}$

   $x = \log_2(2 + \sqrt{5})$

따라서 세 실근의 합은

$\log_2(2 - \sqrt{3})(2 + \sqrt{3})(2 + \sqrt{5}) = \log_2(2 + \sqrt{5})$

8. 정답 ⑤

$F(x) = f(2x)g(2x) = (8x^3 - 4x + a)(4x^2 + 4x + 1)$ 라 하면

$\displaystyle\lim_{h \to 0} \dfrac{f(2h)g(2h) - 1}{h} = \lim_{h \to 0} \dfrac{F(h) - 1}{h} = b$

$F(0) = 1$ 이므로 $a = 1$ 이다.

$\displaystyle\lim_{h \to 0} \dfrac{F(h) - F(0)}{h} = F'(0) = b$

$F'(x) = (24x^2 - 4)(4x^2 + 4x + 1) + (8x^3 - 4x + 1)(8x + 4)$

이고

$F'(0) = 0 = b$

$f(b) = f(0) = 1$ 이고, $g(a) = g(1) = 4$

따라서 $f(b) + g(a) = 1 + 4 = 5$ 이다.

9. 정답 ⑤

$\sqrt{10} < a < 10\sqrt{10}$ 에 상용로그를 취하면

$\dfrac{1}{2} < \log a < \dfrac{3}{2}$ 이다.

양변에 $\dfrac{1}{2}$ 을 곱하고 $\dfrac{1}{3}$ 을 더하면

$\dfrac{7}{12} < \dfrac{1}{3} + \dfrac{1}{2}\log a < \dfrac{13}{12}$ 이므로, $\dfrac{1}{3} + \dfrac{1}{2}\log a = 1$

따라서 $a = 10^{\frac{4}{3}} = 10\sqrt[3]{10}$ 이다.

10. 정답 ⑤

$\tan\alpha = 1,\ \tan\beta = -2,\ \tan\gamma = \dfrac{9}{4},\ \tan\delta = -2$

$\sin(\pi + \alpha) = -\sin\alpha = -\dfrac{\sqrt{2}}{2}$

$\tan\left(\dfrac{1}{2}\pi - \beta\right) = \dfrac{1}{\tan\beta} = -\dfrac{1}{2}$

$\tan(\pi + \gamma) = \tan\gamma = \dfrac{9}{4}$

$\cos\left(\dfrac{3}{2}\pi + \delta\right) = \sin\delta = -\dfrac{2}{\sqrt{5}}$

$\dfrac{\sin(\pi + \alpha) \times \tan\left(\dfrac{1}{2}\pi - \beta\right)}{\tan(\pi + \gamma) \times \cos\left(\dfrac{3}{2}\pi + \delta\right)}$

$= \dfrac{-\dfrac{\sqrt{2}}{2} \times \left(-\dfrac{1}{2}\right)}{\dfrac{9}{4} \times \left(-\dfrac{2}{\sqrt{5}}\right)} = -\dfrac{\sqrt{10}}{18} = a$

11. 정답 ③

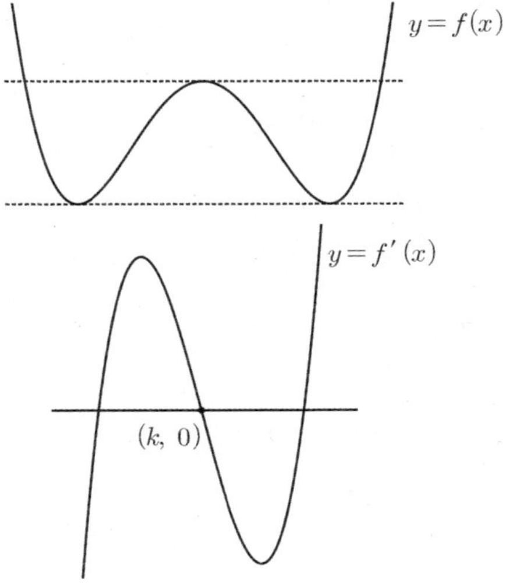

$f(x)$ 가 서로 다른 두 개의 극값을 가지려면 $f'(x)$ 가 x 축
위에 있는 어떤 점을 기준으로 점대칭함수가 되어야 한다.

그 점을 $(k,\ 0)$이라 할 때,

원점 대칭함수 $y=4x^3+bx$ 를 x 축 방향으로 k 만큼

평행 이동하면 $f'(x)$ 가 된다.

$$f'(x)=4(x-k)^3+b(x-k)$$
$$=4x^3-12x^2+8x+(a-1)$$

이므로

$k=1,\ b=-4$ 이고 $a=1$ 이다.

따라서 $f(x)=x^4-4x^3+4x^2+10$ 이고,

$f(a)=f(1)=11$ 이다.

$$\sum_{m=1}^{30} b_m=(b_1+b_2)+(b_3+b_4)+\cdots+(b_{29}+b_{30})$$
$$=\sum_{k=1}^{15}(b_{2k-1}+b_{2k})$$
$$=\sum_{k=1}^{15}(k-1+k-1)$$
$$=2\sum_{k=1}^{15}(k-1)$$
$$=2(0+1+2+3+\cdots+14)$$
$$=210$$

12. 정답 ③

$S_n=\dfrac{n\{2a+(n-1)d\}}{2}$ 에서 $d<0$이고 $S_m=0$인 m이

존재하므로 S_n은 n에 대한 이차함수이며 공차가

음수이므로 위로 볼록이다.

$S_n=f(n)$이라 하면 함수 $f(n)$의 그래프는 아래와 같다.

(i) $m=2k-1$일 때

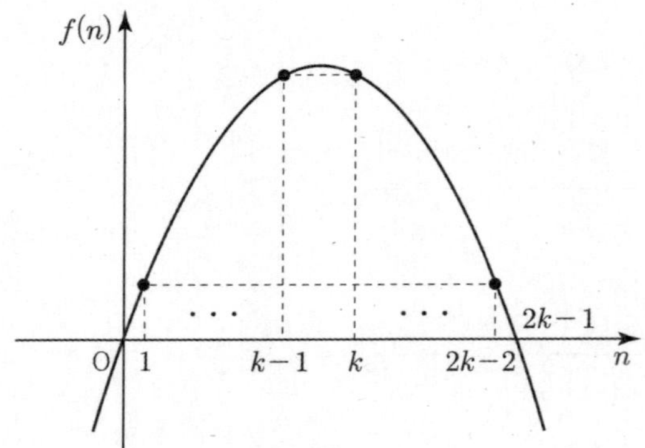

$(p,\ q)=(1,\ 2k-2),\ (2,\ 2k-3),\ (3,\ 2k-4),\ \cdots\ (k-1,\ k)$

이므로 $k-1$

즉, $b_{2k-1}=k-1$

(ii) $m=2k$일 때

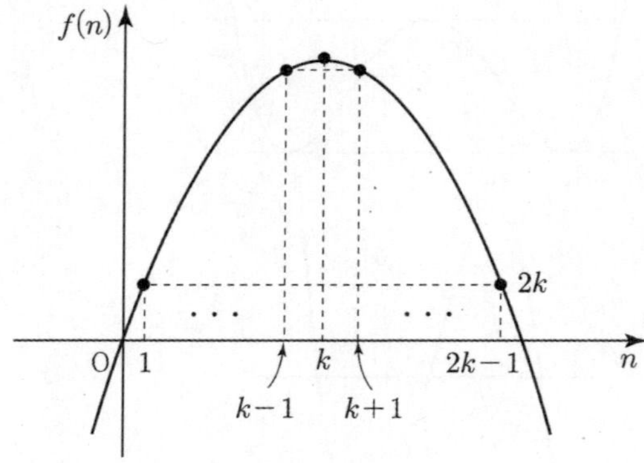

$(p,\ q)=(1,\ 2k-1),\ (2,\ 2k-2),\ (3,\ 2k-3),\ \cdots$
$(k-1,\ k+1)$

이므로 $k-1$

즉, $b_{2k}=k-1$

13. 정답 ②

$$\int_0^x \{f(t)+xf'(t)\}\,dt=xf(x)+\frac{1}{3}x^3+ax^2+bx$$

$$\int_0^x f(t)\,dt+x\int_0^x f'(t)\,dt=xf(x)+\frac{1}{3}x^3+ax^2+bx$$

양변을 x에 관해 미분하면

$$f(x)+\int_0^x f'(x)\,dx+xf'(x)=f(x)+xf'(x)+x^2+2ax+b$$

$$\int_0^x f'(x)\,dx=x^2+2ax+b$$

$x=0$을 대입하면 $0=b$

$\therefore\ b=0$

양변 미분하면

$f'(x)=2x+2a$

$f(x)=x^2+2ax+C$

이다.

조건 (나)에서 $a=2$이다.

따라서 $f(x)=x^2+4x+C$

함수 $|f(x)|$의 극댓값이 4이므로 이차함수 $f(x)$의

극솟값이 -4이어야 한다.

따라서 $f(x)=(x+2)^2-4+C$에서 $C=0$이다.

$\therefore\ f(x)=x^2+4x$

$a=2,\ b=0$이므로

$f(2a-b)=f(4)=4^2+4\times4=32$

14. 정답 ①

$a_4<a_5<a_6=17$이므로 $a_6=a_4+2a_5=17$이다.

a_3와 a_4의 크기는 알 수 없다.

(i) $1=a_3>a_4$일 때.

$$a_5=\frac{1}{2}+a_4,\ a_4+2a_5=17$$

연립방정식을 풀면

$$3a_5=\frac{35}{2},\ a_5=\frac{35}{6}$$

$$a_4 = \frac{16}{3}$$

$1 < \frac{16}{3}$으로 $a_3 < a_4$이므로 모순

(ii) $1 = a_3 \leq a_4$일 때.

$$a_5 = 1 + 2a_4, \quad a_4 + 2a_5 = 17$$

연립방정식을 풀면

$$a_4 + 2 + 4a_4 = 17$$

$$a_4 = 3$$

따라서 $a_3 = 1$, $a_4 = 3$, $a_5 = 7$, $a_6 = 17$이다.

(ㄱ) $a_2 \leq a_3 = 1$일 때,

$a_4 = a_2 + 2a_3$이고

$3 = a_2 + 2$에서 $a_2 = 1$

① $a_2 = 1$, $a_3 = 1$

$a_1 \leq a_2$일 때, $a_3 = a_1 + 2a_2$가 성립한다.

$$1 = a_1 + 2$$

$$a_1 = -1 \qquad \cdots ㉠$$

② $a_2 = 1$, $a_3 = 1$

$a_1 > a_2$일 때, $a_3 = \frac{1}{2}a_1 + a_2$가 성립한다.

$$1 = \frac{1}{2}a_1 + 1$$

$a_1 = 0$으로 모순

(ㄴ) $a_2 > a_3 = 1$일 때,

$a_4 = \frac{1}{2}a_2 + a_3$이고

$3 = \frac{1}{2}a_2 + 1$에서 $a_2 = 4$

① $a_2 = 4$, $a_3 = 1$

$a_1 \leq a_2$일 때, $a_3 = a_1 + 2a_2$가 성립한다.

$$1 = a_1 + 8$$

$$a_1 = -7 \qquad \cdots ㉡$$

② $a_2 = 4$, $a_3 = 1$

$a_1 > a_2$일 때, $a_3 = \frac{1}{2}a_1 + a_2$가 성립한다.

$$1 = \frac{1}{2}a_1 + 4$$

$a_1 = -6$으로 모순

따라서

㉠, ㉡에서 가능한 a_1의 값은 -1, -7이다.

따라서 합은 -8

15.

---

16. 정답 8

$$2\log_2 3 \times 4\log_3 2 = 8$$

17. 정답 12

주어진 조건에서 $f(1) = 2$, $f'(1) = 10$이다.

$g'(x) = f(x) + xf'(x)$에서 $x = 1$을 대입하면

$$g'(1) = f(1) + f'(1) = 2 + 10 = 12$$

18. 정답 4

곡선 $y = \sin x \ (0 < x < 2\pi)$는 직선 $y = \frac{1}{4}$, $y = -\frac{1}{4}$과

각각 두 점에서 만나므로

$$(\text{모든 실근의 합}) = \frac{\pi}{2} \times 2 + \frac{3}{2}\pi \times 2 = 4\pi$$

이다. 따라서 $a = 4$

19. 정답 90

직선 $y = mx - 1$는 실수 m의 값에 관계없이

항상 $(0, -1)$을 지나므로 직선 $y = mx - 1$와

함수 $f(x) = \begin{cases} \dfrac{1}{4}x^2 & (x < 4) \\ -x + 8 & (x \geq 4) \end{cases}$ 의 그래프는 다음과 같다.

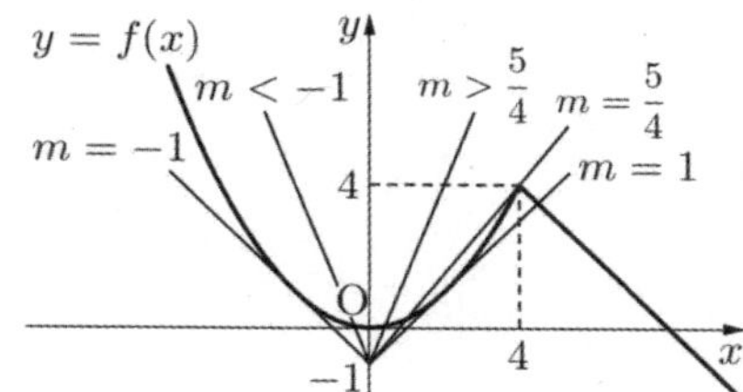

$(0, -1)$에서 곡선 $f(x)$에 그은 접선을 알아보면

$f(x)$위의 임의의 점 $(t, f(t))$에서 접선은

$y = \frac{1}{2}t(x - t) + \frac{1}{4}t^2$이고, $(0, -1)$을 지나므로

$$-1 = \frac{1}{2}t(0 - t) + \frac{1}{4}t^2 \ \rightarrow \ t = 2 \,\text{or}\, -2$$

따라서, 접선의 기울기는 $t = -2$일 때, -1이고,

$t = 2$일 때, 1이다.

$$g(m) = \begin{cases} 2 & (m < -1) \\ 1 & (-1 \leq m < 1) \\ 2 & (m = 1) \\ 3 & (1 < m < \frac{5}{4}) \\ 2 & (m = \frac{5}{4}) \\ 1 & (m > \frac{5}{4}) \end{cases}$$

즉, 함수 $g(m)$은 $m = -1$, $m = 1$, $m = \frac{5}{4}$에서 불연속이다.

그런데 함수 $g(x)h(x)$가 실수 전체의 집합에서 연속이므로
$x=-1$, $x=1$, $x=\dfrac{5}{4}$에서도 연속이 되어야 한다.

(i) $x=-1$일 때

$$\lim_{x\to-1-}g(x)h(x)=2\times h(-1),$$

$$\lim_{x\to-1+}g(x)h(x)=1\times h(-1)$$

함수 $g(x)h(x)$는 $x=-1$에서 연속이므로

$\lim_{x\to-1}g(x)h(x)=g(-1)h(-1)$이어야 된다.

즉, $\lim_{x\to-1-}g(x)h(x)=\lim_{x\to-1+}g(x)h(x)=g(-1)h(-1)$

에서 $h(-1)=0$

(ii) $x=1$일 때

$$\lim_{x\to1-}g(x)h(x)=1\times h(1),$$

$$\lim_{x\to1+}g(x)h(x)=3\times h(1)$$

함수 $g(x)h(x)$는 $x=1$에서 연속이므로

$\lim_{x\to1}g(x)h(x)=g(1)h(1)$이어야 된다.

즉, $\lim_{x\to1-}g(x)h(x)=\lim_{x\to1+}g(x)h(x)=g(1)h(1)$

에서 $h(1)=0$

(iii) $x=\dfrac{5}{4}$일 때

$$\lim_{x\to\frac{5}{4}-}g(x)h(x)=3\times h\!\left(\dfrac{5}{4}\right),$$

$$\lim_{x\to\frac{5}{4}+}g(x)h(x)=1\times h\!\left(\dfrac{5}{4}\right)$$

함수 $g(x)h(x)$는 $x=\dfrac{5}{4}$에서 연속이므로

$\lim_{x\to\frac{5}{4}}g(x)h(x)=g\!\left(\dfrac{5}{4}\right)h\!\left(\dfrac{5}{4}\right)$이어야 된다.

즉, $\lim_{x\to\frac{5}{4}-}g(x)h(x)=\lim_{x\to\frac{5}{4}+}g(x)h(x)=g\!\left(\dfrac{5}{4}\right)h\!\left(\dfrac{5}{4}\right)$

에서 $h\!\left(\dfrac{5}{4}\right)=0$

(i), (ii), (iii)에서 $h(-1)=h(1)=h\!\left(\dfrac{5}{4}\right)=0$이므로

최고차항의 계수가 1인 삼차함수 $h(x)$는

$$h(x)=(x+1)(x-1)\!\left(x-\dfrac{5}{4}\right)$$

따라서

$$h(5)=6\times4\times\left(5-\dfrac{5}{4}\right)$$

$$=24\times\dfrac{15}{4}=90$$

20. 정답 64

$|\cos2x|=t$라 하면 $0\le t\le1$이고
$f(|f(2x)|)=f(|\cos2x|)=f(t)=\cos t=k$을 만족하는
$t=t_1\ (0<t_1<1)$이라 하자.

따라서 $|\cos2x|=t_1$

$\cos2x=\pm t_1$

$\cos2x=t_1$의 $0\le x<\pi$에서의 두 근을 α_1,α_2라 두면

두 근은 $\dfrac{\pi}{2}$에 대칭이므로 $\alpha_1+\alpha_2=\pi$

$\cos2x=t_1$의 $\pi\le x<2\pi$에서의 두 근을 α_3,α_4라 두면

두 근은 $\dfrac{3}{2}\pi$에 대칭이므로 $\alpha_3+\alpha_4=3\pi$

$\cos2x=-t_1$의 $0\le x<\pi$에서의 두 근을 β_1,β_2라 두면

두 근은 $\dfrac{\pi}{2}$에 대칭이므로 $\beta_1+\beta_2=\pi$

$\cos2x=-t_1$의 $\pi\le x<2\pi$에서의 두 근을 β_3,β_4라 두면

두 근은 $\dfrac{3}{2}\pi$에 대칭이므로 $\alpha_3+\alpha_4=3\pi$

따라서 모든 근의 개수는 8이고 모든 해의 합은 8π이다.
그러므로 $n=8$, $a=8$로 $na=64$

21. 정답 90

$f(x)=|x-a|^3$이므로

$$f(x)=\begin{cases}-(x-a)^3 & (x<a)\\ (x-a)^3 & (x\ge a)\end{cases},$$

$$f(x)-1=\begin{cases}-(x-a)^3-1 & (x<a)\\ (x-a)^3-1 & (x\ge a)\end{cases}\ \text{이다.}$$

따라서

$$f(t)-|f(t)-1|=\begin{cases}1 & (f(t)\ge1)\\ 2f(t)-1 & (f(t)<1)\end{cases}\ \text{에서}$$

$f(t)=1$, $|x-a|^3=1$, $x=a-1$ 또는 $x=a+1$이므로

$$f(t)-|f(t)-1|=\begin{cases}1 & (t<a-1)\\ 2f(t)-1 & (a-1\le t<a+1)\\ 1 & (t\ge a+1)\end{cases}$$

$$=\begin{cases}1 & (t<a-1)\\ -2(t-a)^3-1 & (a-1\le t<a)\\ 2(t-a)^3-1 & (a\le t<a+1)\\ 1 & (t\ge a+1)\end{cases}$$

$g(0)=0$이고 방정식 $g(x)=0$은 공차가 $d\ (d>0)$인
등차수열을 이루는 세 실근을 가지므로
세 실근은 $0,\ d,\ 2d$이다.
따라서,

$g(d)=0$이므로 $\displaystyle\int_0^d\{f(t)-|f(t)-1|\}dt=0$

$g(2d)=0$이므로

$\displaystyle\int_{0}^{2d}\{f(t)-|f(t)-1|\}dt=0$ 에서

$\displaystyle\int_{d}^{2d}\{f(t)-|f(t)-1|\}dt=0$

함수 $f(t)-|f(t)-1|$ 은 $t=a$ 에 대칭이므로
$y=g(x)$ 는 $(a,\ g(a))$ 에 대해 점대칭이므로 $d=a$ 이다.

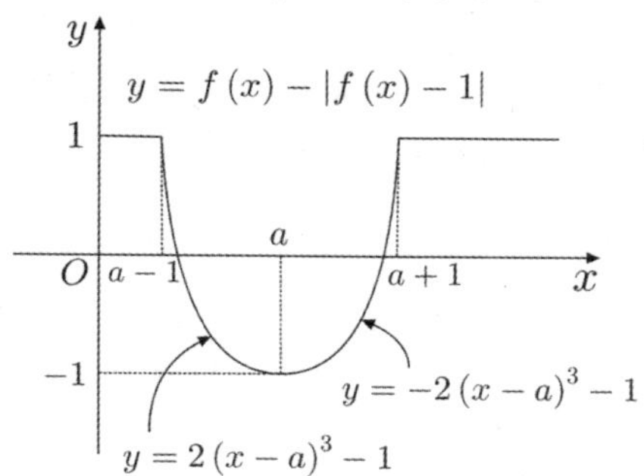

따라서, $g(0)=g(a)=g(2a)=0$ 에서

$g(a-1)=\displaystyle\int_{0}^{a-1}1\,dt=a-1$ 이므로

$\displaystyle\int_{a-1}^{a}\{-2(t-a)^3-1\}dt=1-a$ 이다.

$\displaystyle\int_{a-1}^{a}\{2(t-a)^3+1\}dt=a-1$

$\left[\dfrac{1}{2}(t-a)^4+t\right]_{a-1}^{a}=a-\left(\dfrac{1}{2}+a-1\right)=\dfrac{1}{2}$

$a-1=\dfrac{1}{2},\ a=\dfrac{3}{2}$

따라서 $60a=60\times\dfrac{3}{2}=90$

22.

확률과 통계

23. 정답 ③

$np=120\times\dfrac{1}{3}=40$

24. 정답 ②

사건 $A,\ B$가 배반사건이므로 $\mathrm{P}(A\cap B)=0$

$\mathrm{P}(A\cup B)=\mathrm{P}(A)+\mathrm{P}(B)-\mathrm{P}(A\cap B)$

$\dfrac{3}{4}=\dfrac{1}{3}+\mathrm{P}(B)-0$

따라서 $\mathrm{P}(B)=\dfrac{5}{12}$

25. 정답 ⑤

$\left(\sqrt{x}+\dfrac{2}{x}\right)^{9}$ 의 전개식의 일반항은

${}_{9}\mathrm{C}_{r}(\sqrt{x})^{9-r}\left(\dfrac{2}{x}\right)^{r}={}_{9}\mathrm{C}_{r}\,2^{r}x^{\frac{9-3r}{2}}$

따라서 상수항은 $\dfrac{9-3r}{2}=0$, 즉 $r=3$ 일 때이므로 구하는

상수항은 ${}_{9}\mathrm{C}_{3}\times2^{3}=672$

26. 정답 ⑤

$\mathrm{P}(X\le m)=0.5$ 이므로

$\mathrm{P}(m\le X\le m+10)=\mathrm{P}(X\le m+10)-0.5$ 이다.

$\mathrm{P}(m\le X\le m+10)=\mathrm{P}(20-m\le X\le m)$

이고 정규분포함수의 대칭성에 의하여 $x=m+10$ 과
$x=20-m$ 은 서로 $x=m$ 에 대해서 대칭이다.

$\dfrac{(m+10)+(20-m)}{2}=15=m$

따라서 $F(t)$ 는 $t=12.5$ 일 때 최대이고 그 최댓값은
$\mathrm{P}(12.5\le X\le17.5)$ 인데, 이를 표준화하면

$\mathrm{P}\left(\dfrac{-2.5}{\sigma}\le Z\le\dfrac{2.5}{\sigma}\right)=2\mathrm{P}\left(0\le Z\le\dfrac{2.5}{\sigma}\right)=0.9876$

$\mathrm{P}\left(0\le Z\le\dfrac{2.5}{\sigma}\right)=0.4938$ 이므로 $\sigma=1$

따라서 $m+\sigma=15+1=16$

27. 정답 ①

우선 다연이에게 검은색, 파란색, 빨간색 볼펜을 각각
1자루씩 나누어 준 뒤 상황을 보자.
남은 볼펜은 검은색 볼펜 3자루, 파란색 볼펜 2자루,
빨간색 볼펜 1자루
빨간색 볼펜이 1자루뿐이므로 빨간색 볼펜을 받는
사람을 지정한 후 경우를 살피면 된다.
3명의 학생을 다연, A, B라 하자.

(ⅰ) 남은 빨간색 볼펜 1자루를 다연이에게 줄 때,
　　검은색 볼펜 3자루를 3명에게 나누어주는 경우의 수는
　　${}_{3}\mathrm{H}_{3}={}_{5}\mathrm{C}_{2}=10$
　　파란색 볼펜 2자루를 3명에게 나누어주는 경우의 수는
　　${}_{3}\mathrm{H}_{2}={}_{4}\mathrm{C}_{2}=6$
　　따라서 $10\times6=60$

(ⅱ) 남은 빨간색 볼펜 1자루를 A에게 줄 때,
　　A가 검은색 볼펜을 받지 않는 경우
　　${}_{2}\mathrm{H}_{3}\times{}_{3}\mathrm{H}_{2}={}_{4}\mathrm{C}_{3}\times{}_{4}\mathrm{C}_{2}=24$
　　A가 파란색 볼펜을 받지 않는 경우
　　${}_{3}\mathrm{H}_{3}\times{}_{2}\mathrm{H}_{2}={}_{5}\mathrm{C}_{3}\times{}_{3}\mathrm{C}_{2}=30$
　　A가 검은색 볼펜과 파란색 볼펜을 모두 받지 않는 경우

$$_2H_3 \times _2H_2 = _4C_3 \times _3C_2 = 12$$

따라서 $24+30-12=42$

(iii) 남은 빨간색 볼펜 1자루를 B에게 줄 때,

(ii)와 마찬가지로 42

따라서

$$60+2\times 42 = 144$$

28. 정답 ⑤

곱이 6의 배수인 경우는 2의 배수와 3의 배수를 적어도
하나씩 선택하거나 6의 배수를 적어도 하나 선택하는
경우이므로

2의 배수와 3의 배수를 적어도 하나씩 선택하고 6의
배수를 선택하지 않는 경우

$$_{10}C_3 - _6C_3 - _8C_3 + _4C_3 = 48$$

6의 배수를 적어도 하나 선택하는 경우

$$_{12}C_3 - _{10}C_3 = 100$$

1부터 12까지의 자연수를 3으로 나눈 나머지에 따라
분류하면

$$A = \{1,\ 4,\ 7,\ 10\},\ B = \{2,\ 5,\ 8,\ 11\},\ C = \{3,\ 6,\ 9,\ 12\}$$

집합 C에서 3개의 원소를 뽑는 경우는

곱이 6의 배수이고 합이 3의 배수이려면

집합 C에서 3개이므로 $_4C_3 = 4$

집합 A, B, C에서 각각 1개를 뽑는 경우는

C에서 3 또는 9를 뽑는 경우

A와 B에서 2의 배수를 적어도 하나 뽑아야 하므로

$$(_4C_1 \times _4C_1 - _2C_1 \times _2C_1) \times _2C_1 = 24$$

C에서 6 또는 12를 뽑는 경우

$$_4C_1 \times _4C_1 \times _2C_1 = 32$$

$$\therefore\ \frac{4+24+32}{48+100} = \frac{60}{148} = \frac{15}{37}$$

29. 정답 790

가위바위보를 한 번 할 때마다 갑의 승, 무, 패가 결정되므로
여섯 번 시행하여 나올 수 있는 모든 경우의 수는

$$3^6 = 729(\text{가지})$$

갑이 이긴 횟수, 비긴 횟수, 진 횟수를 각각 x, y, z라 하면

$$x+y+z=6 \qquad \cdots \ \unicode{x1F110}$$

(단, x, y, z는 0 이상 6 이하의 정수)

이기면 바둑돌 2개, 비기면 바둑돌을 1개를 얻고, 지면
바둑돌 2개를 잃으므로

$$2x+y-2z=6 \qquad \cdots \ \unicode{x1F111}$$

이때 x와 z의 계수가 짝수이고 우변 역시 짝수이므로
y도 반드시 짝수이어야 한다.

(i) $y=0$인 경우

$x = \dfrac{9}{2}$, $z = \dfrac{3}{2}$이므로 만족하지 않는다.

(ii) $y=2$인 경우

㉠ $x+z=4$, ㉡ $x-z=2$를 연립하여 풀면

$$(x,\ y,\ z) = (3,\ 2,\ 1)$$

이것은 갑이 3승 2무 1패를 한 경우이다.

이긴 경우를 ○, 비긴 경우를 ╱, 진 경우를 ✕라 하면

○ ○ ○ ╱ ╱ ✕를 일렬로 나열하는 방법의 수는

$$\frac{6!}{3!2!} = 60$$

(iii) $y=4$인 경우

㉠ $x+z=2$, ㉡ $x-z=1$을 연립하여 풀면

$$(x,\ y,\ z) = \left(\frac{3}{2},\ 4,\ \frac{1}{2}\right)$$

이것은 x, z가 0 이상 6 이하의 정수라는 문제의
조건을 만족하지 못한다.

(iv) $y=6$인 경우

㉠ $x+z=0$, ㉡ $x-z=0$을 연립하여 풀면

$$(x,\ y,\ z) = (0,\ 6,\ 0)$$

이것은 갑이 6무를 한 경우이다.

비긴 경우를 ╱라 하면 ╱╱╱╱╱╱를 일렬로
나열하는 방법의 수는 1이다.

따라서 구하는 확률은 $\dfrac{60+1}{729} = \dfrac{61}{729}$

$$\therefore\ p+q = 729+61 = 790$$

[다른 풀이]

가위바위보를 한 번 할 때마다 갑의 승, 무, 패가 결정되므로
여섯 번 시행하여 나올 수 있는 모든 경우의 수는

$$3^6 = 729(\text{가지})$$

갑이 이긴 횟수, 비긴 횟수, 진 횟수를 각각 x, y, z라 하면

$$x+y+z=6 \qquad \cdots \ \unicode{x1F110}$$

(단, x, y, z는 0 이상 6 이하의 정수)

이기면 바둑돌 2개, 비기면 바둑돌을 1개를 얻고, 지면
바둑돌 2개를 잃으므로

$$2x+y-2z=6 \qquad \cdots \ \unicode{x1F111}$$

이때 ㉡-㉠을 하면

$x = 3z$ (단, $0 \leq x \leq 6$, $0 \leq z \leq 2$인 정수)

이때

(i) $z=0$인 경우

$x=0$이므로 ㉠에서 $y=6$

이것은 갑이 6무를 한 경우이다.

비긴 경우를 ╱라 하면 ╱╱╱╱╱╱를 일렬로
나열하는 방법의 수는 1이다.

(ii) $z=1$인 경우

$x=3$이므로 ㉠에서 $y=2$

이것은 갑이 3승 2무 1패를 한 경우이다.

이긴 경우를 ○, 비긴 경우를 /, 진 경우를 ✕라 하면

○ ○ ○ / / ✕를 일렬로 나열하는 방법의 수는

$$\frac{6!}{3!2!}=60$$

(iii) $z=2$인 경우

$x=6$이므로 ㉠을 만족하지 못한다.

따라서 구하는 확률은

$$\frac{60+1}{729}=\frac{61}{729}$$

$$\therefore\ p+q=729+61=790$$

30.

미적분

23. 정답 ⑤

식을 정리하면 $\dfrac{\sqrt{n^2+n}+\sqrt{n^2-2n}}{3n}$ 이고

분모, 분자를 n으로 나누면 $\dfrac{\sqrt{1+\dfrac{1}{n}}+\sqrt{1-\dfrac{2}{n}}}{3}$

$n\to\infty$ 이면 $\dfrac{1}{n}\to 0$ 이므로

$$\lim_{n\to\infty}\frac{\sqrt{1+\dfrac{1}{n}}+\sqrt{1-\dfrac{2}{n}}}{3}=\frac{2}{3}\text{ 이다.}$$

24. 정답 ②

$-1<3-\dfrac{|k|}{2}\leq 1,\ 4\leq|k|<8$

$k=\pm 4,\ \pm 5,\ \cdots,\ \pm 7,\ 8$개

25. 정답 ②

$y'=e^{-x^2}(-2x)$

$y''=e^{-x^2}(4x^2-2)$

변곡점의 x좌표는 $\dfrac{\sqrt{2}}{2}$ 이다.

$$f'\left(\frac{\sqrt{2}}{2}\right)=-\sqrt{2}\,e^{-\frac{1}{2}}=-\frac{\sqrt{2e}}{e}\text{ 이다.}$$

26. 정답 ①

$x=3t-\sin t,\ y=3-\cos t$에서

점 P의 좌표는 $(3\theta-\sin\theta,\ 3-\cos\theta)$ ⋯ ㉠

$\dfrac{dx}{dt}=3-\cos t,\ \dfrac{dy}{dt}=\sin t$이므로

$$\frac{dy}{dx}=\frac{\dfrac{dy}{dt}}{\dfrac{dx}{dt}}=\frac{\sin t}{3-\cos t}$$

에서 직선 l의 기울기는 $\dfrac{\sin\theta}{3-\cos\theta}$ ⋯ ㉡

점 P를 지나고 직선 l에 수직인 직선의 방정식은

$$y=-\frac{3-\cos\theta}{\sin\theta}(x-3\theta+\sin\theta)+3-\cos\theta$$

이고 이 직선이 점 $(\pi,\ 0)$을 지나므로

$$\frac{3-\cos\theta}{\sin\theta}(\pi-3\theta+\sin\theta)=3-\cos\theta$$

$3-\cos\theta\neq 0$이므로

$\pi-3\theta+\sin\theta=\sin\theta$ $\qquad\therefore\ \theta=\dfrac{\pi}{3}$

따라서 ㉡에 $\theta=\dfrac{\pi}{3}$를 대입하면 직선 l의 기울기는

$$\frac{\sin\dfrac{\pi}{3}}{3-\cos\dfrac{\pi}{3}}=\frac{\dfrac{\sqrt{3}}{2}}{3-\dfrac{1}{2}}=\frac{\sqrt{3}}{5}$$

27. 정답 ④

$f(x)=(x^2+ax+5)e^x$에서

$f'(x)=(2x+a)e^x+(x^2+ax+5)e^x$

$=\{x^2+(a+2)x+a+5\}e^x$

$e^x>0$이므로 $f'(x)=0$에서

$x^2+(a+2)x+a+5=0$ ⋯ ㉠

함수 $f(x)$가 극값을 갖지 않으려면 이차방정식 ㉠이

중근 또는 허근을 가져야 한다.

따라서 이차방정식 ㉠의 판별식 $D\leq 0$이어야 하므로

$D=(a+2)^2-4(a+5)\leq 0,\ a^2-16\leq 0$

$\therefore\ -4\leq a\leq 4$

따라서 정수 a의 개수는 9이다.

28. 정답 ⑤

$a_1=-1,\ a_2=\dfrac{1}{2},\ a_3=-\dfrac{1}{3},\ a_4=\dfrac{1}{4},\ a_5=-\dfrac{1}{5},\ a_6=\dfrac{1}{6},$

$a_7=-\dfrac{1}{7},\ a_8=\dfrac{1}{8},\ \cdots$

문제에 주어진 조건에 의하여

$b_1=a_2=\dfrac{1}{2},\ b_2=a_2=\dfrac{1}{2},$

$$b_3 = a_4 = \frac{1}{4}, \quad b_4 = a_4 = \frac{1}{4},$$

$$b_5 = a_6 = \frac{1}{6}, \quad b_6 = a_6 = \frac{1}{6},$$

$$b_7 = a_8 = \frac{1}{8}, \quad b_8 = a_9 = \frac{1}{8},$$

$$b_9 = a_{10} = \frac{1}{10}, \quad \cdots$$

따라서

$$S_m = \lim_{n \to \infty} \sum_{k=1}^{m} \frac{\left(\frac{7}{8} + b_k\right)^{n+1}}{\left(\frac{7}{8} + b_k\right)^n + 1}$$

$$= \lim_{n \to \infty} \left\{ \frac{\left(\frac{11}{8}\right)^{n+1}}{\left(\frac{11}{8}\right)^n + 1} \times 2 + \frac{\left(\frac{9}{8}\right)^{n+1}}{\left(\frac{9}{8}\right)^n + 1} \times 2 \right.$$

$$+ \frac{\left(\frac{25}{24}\right)^{n+1}}{\left(\frac{25}{24}\right)^n + 1} \times 2 + \frac{1^{n+1}}{1^n + 1} \times 2$$

$$\left. + \frac{\left(\frac{7}{8} + \frac{1}{10}\right)^{n+1}}{\left(\frac{7}{8} + \frac{1}{10}\right)^n + 1} \times 2 + \cdots \right\}$$

$$= \frac{11}{8} \times 2 + \frac{9}{8} \times 2 + \frac{25}{24} \times 2 + \frac{1}{2} \times 2 + 0 + 0 + \cdots$$

이므로 $S_m < S_{m+1}$을 만족시키는 m의 최댓값은 7이므로
$p = 7$
이때 $S_7 = \frac{11}{4} + \frac{9}{4} + \frac{25}{12} + \frac{1}{2} = \frac{91}{12}$이므로 구하는 값은

$$S_p = \frac{91}{12}$$

29. 정답 32

$g(x)$가 모든 실수에 대하여 연속이므로 모든 실수 x에
대하여 $f(x) > 0$이다. 조건 (가)에서 $g(-x) = g(x)$이므로
$f(-x) = f(x)$이다.
$f(x)$는 이차함수이므로
$$f(x) = 3x^2 + a \quad (a > 0)$$
로 할 수 있다.
(나) 조건을 활용하기 위해 $g(x)$를 미분하면
$$g'(x) = f'(x) - \frac{64f'(x)}{\{f(x)\}^2} = f'(x) \times \frac{\{f(x)\}^2 - 64}{\{f(x)\}^2}$$
(나) 조건에서 $g'(0) + g'(1) = 0$이고 $g'(0) = 0$이므로
$$(\because f'(0) = 0)$$
$$g'(1) = 0$$
$$g'(1) = f'(1) \times \frac{\{f(1)\}^2 - 64}{\{f(1)\}^2} = 0$$
에서 $f'(1) \neq 0$이므로

$$\{f(1)\}^2 = 64$$
$$f(1) = 8 \cdot (\because f(x) > 0)$$
그러므로 $f(x) = 3x^2 + 5$
이제 $h(t)$의 최솟값을 생각하자.
$x > 1$일 때 $f'(x) > 0$이고 $\{f(x)\}^2 > 64$이므로
$$g'(x) > 0$$
따라서 $x > 1$에서 $g(x)$는 증가함수이므로
$1 < x < t$일 때, $g(x) < g(t)$
$1 < t < x$일 때, $g(t) < g(x)$

$$h(t) = \int_0^4 \left| \{f(x)\}^2 + 64 - f(x)g(t) \right| dx$$

$$= \int_0^4 f(x) \left| f(x) + \frac{64}{f(x)} - g(t) \right| dx$$

$$= \int_0^4 f(x) |g(x) - g(t)| dx$$

$0 < x < 1$에서 $y = g(x)$는 감소하므로 $g(0) = g(t)$인

$t = \sqrt{\frac{13}{5}}$에 대해 $g(x) - g(t) = 0$의 실근은

$0 < t < \sqrt{\frac{13}{5}}$에서 2개 $(t \neq 1)$

$x = 1$에서 1개

$t > \sqrt{\frac{13}{5}}$에서 1개

따라서 $h(t)$는 $t = 1$에서 극대이고

$t > \sqrt{\frac{13}{5}}$에서

$$h(t) = g(t) \int_0^t f(x)dx - \int_0^t f(x)g(x)dx$$

$$+ \int_t^4 f(x)g(x)dx - g(t) \int_t^4 f(x)dx$$

t에 대하여 미분하면

$$h'(t) = g'(t) \int_0^t f(x)dx - g'(t) \int_t^4 f(x)dx$$

$$= g'(t) \left\{ \int_0^t f(x)dx + \int_4^t f(x)dx \right\}$$

$f(x) = 3x^2 + 5$을 대입하면

$$h'(t) = g'(t) \left\{ \left[x^3 + 5x \right]_0^t + \left[x^3 + 5x \right]_4^t \right\}$$

$$= g'(t) \{ 2t^3 + 10t - 84 \}$$

$$= 2g'(t) \{ t^3 + 5t - 42 \}$$

$$= 2g'(t) \{ (t-3)(t^2 + 3t + 14) \}$$

이때 $t > 1$에서 $g'(t) > 0$, $t^2 + 3t + 14 > 0$이므로
$t = 3$ 좌우에서 함수 $h'(t)$의 부호가 음에서 양으로 바뀐다.
따라서 함수 $h(t)$는 $t = 3$에서 극소이자 최소이다.
$$\therefore \alpha = 3$$
$$f(\alpha) = f(3) = 3 \times 3^2 + 5 = 32$$

30.

킬러 없는 모의고사 1회 문제지

수학 영역

홀수형

성명   수험번호   —

○ 문제지의 해당란에 성명과 수험번호를 정확히 쓰시오.

○ 답안지의 필적 확인란에 다음의 문구를 정자로 기재하시오.

남의 시선보다 내 마음이 더 소중해

○ 답안지의 해당란에 성명과 수험 번호를 쓰고, 또 수험 번호,
문형 (홀수/짝수), 답을 정확히 표시하시오.

○ 단답형 답의 숫자에 '0'이 포함되면 그 '0'도 답란에 반드시 표시하시오.

○ 문항에 따라 배점이 다르니, 각 물음의 끝에 표시된 배점을 참고하시오.
배점은 2점, 3점 또는 4점입니다.

○ 계산은 문제지의 여백을 활용하시오.

※ 공통 과목 및 자신이 선택한 과목의 문제지를 확인하고, 답을 정확히 표시하시오.

※ 시험이 시작되기 전까지 표지를 넘기지 마시오.

킬러 없는 모의고사

수학 영역

5지선다형

1. $\log_2 3 \times \log_9 4 \times 2^{\log_2 3}$ 의 값은? [2점]

① 3   ② 6   ③ 9   ④ 12   ⑤ 15

2. 함수 $f(x) = x^4 + 4x^2 + 5$ 에 대하여 $f'(1)$ 의 값은? [2점]

① 8   ② 10   ③ 12   ④ 14   ⑤ 16

3. 모든 항이 양수인 등비수열 $\{a_n\}$ 에 대하여

$$a_6 = 9a_4, \quad a_3 + 8 = a_5$$

일 때, a_1 의 값은? [3점]

① $\dfrac{1}{9}$ ② $\dfrac{1}{6}$ ③ $\dfrac{2}{9}$ ④ $\dfrac{5}{18}$ ⑤ $\dfrac{1}{3}$

4. 함수 $y = f(x)$ 의 그래프가 그림과 같다.

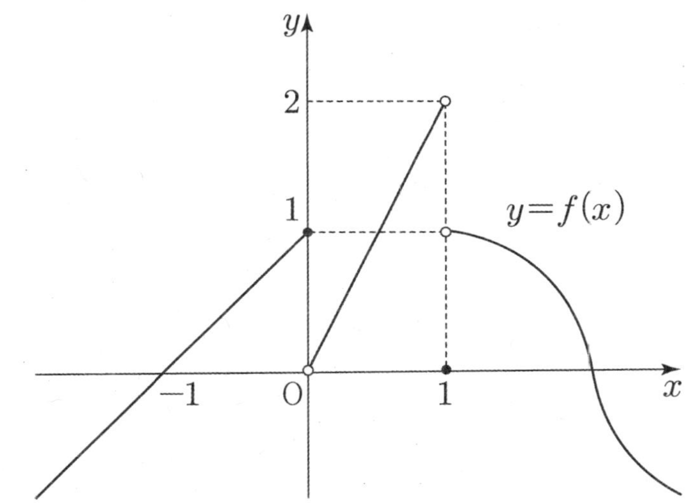

$\lim\limits_{x \to 0+} f(x) + \lim\limits_{x \to 1-} f(x)$ 의 값은? [3점]

① -1 ② 0   ③ 1   ④ 2   ⑤ 3

5. $\cos\theta=\dfrac{3}{5}$ 일 때, $\sin\left(\dfrac{\pi}{2}+\theta\right)+\cos(2\pi-\theta)$ 의 값은? [3점]

① $\dfrac{2}{5}$　　② $\dfrac{3}{5}$　　③ $\dfrac{4}{5}$　　④ 1　　⑤ $\dfrac{6}{5}$

6. $f(2)=1$, $f'(2)=2$ 인 다항함수 $f(x)$에 대하여 함수 $g(x)$를

$$g(x)=\left(x^2-3x\right)f(x)$$

라 하자. 함수 $y=g(x)$의 그래프 위의 점 $(2,\,g(2))$에서의 접선의 y절편은? [3점]

① 1　　② 2　　③ 3　　④ 4　　⑤ 5

7. $\displaystyle\sum_{k=1}^{15}\dfrac{a}{(2k+1)(2k+3)}=\dfrac{5}{3}$ 일 때, 상수 a의 값은? [3점]

① 5　　② 7　　③ 9　　④ 11　　⑤ 13

8. 다항함수 $f(x)$가 모든 실수 x에 대하여

$$\int_a^x f(t)\,dt = x^3 - x^2 + x - 6$$

을 만족시킬 때, $f(a)$의 값은? (단, a는 실수이다.) [3점]

① 9　　② 10　　③ 11　　④ 12　　⑤ 13

9. 다항함수 $f(x)$가 모든 실수 x에 대하여

$$f(x+2) - f(2) = x\int_x^{x+1} (at^2 + 1)\,dt$$

를 만족시키고 $f'(2) = 4$일 때, 상수 a의 값은? [4점]

① 1　　② 3　　③ 5　　④ 7　　⑤ 9

10. $0 \le x \le 2\pi$에서 x에 대한 방정식

$$\cos^2 x - 2k\cos x + k = 0$$

의 실근의 개수가 4인 상수 k의 값의 범위는 $\alpha < k < \beta$일 때, $\alpha + \beta$의 값은? [4점]

① -1　　② $-\dfrac{1}{3}$　　③ $\dfrac{1}{3}$　　④ 1　　⑤ $\dfrac{5}{3}$

11. 공차가 $d(d>0)$인 등차수열 $\{a_n\}$에 대하여 함수 $f(x)$를 $f(x)=(x-a_2)(x-a_3)(x-a_4)$이라 하자. 자연수 x에 대하여 정의된 함수 $g(x)$가

$$g(x)=\sum_{k=1}^{x}\left(\lim_{t\to a_k}\frac{f(t)-f(a_k)}{t-a_k}\right)$$

이다. $g(5)=625$일 때, $g(d+1)-d^2$의 값은? [4점]

① 1050　　② 1150　　③ 1250　　④ 1350　　⑤ 1450

12. 최고차항의 계수가 양수인 다항함수 $f(x)$가 다음 조건을 만족시킬 때, $f(2)$의 값은? [4점]

(가) $f(0)=0$

(나) 모든 실수 x에 대하여

$$\lim_{h\to 0}\frac{f(x+h)f(h)-f(x)f(h)}{h^2}=16x^3-12x^2+4x+4 \text{ 이다.}$$

① 12　　② 22　　③ 24　　④ 26　　⑤ 28

13. 그림과 같이 $\overline{BC}=9$인 삼각형 ABC의 내접원과 두 변 BC, CA의 접점을 각각 P, Q라 하고, 선분 BQ가 내접원과 만나는 점 중 점 Q가 아닌 점을 R라 하자.

$$\overline{BC}=3\overline{QC},\quad \cos(\angle RPQ-\angle RBP)=\frac{3}{5}$$

일 때, 삼각형 BPR의 넓이는? [4점]

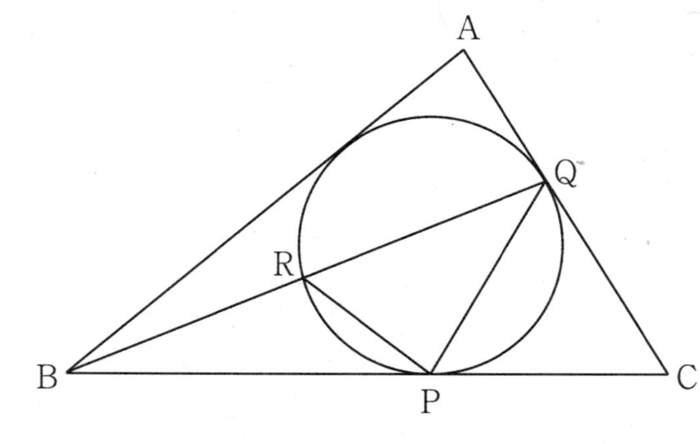

① 4　　② $\dfrac{9}{2}$　　③ 5　　④ $\dfrac{11}{2}$　　⑤ 6

14. 양수 a에 대하여 함수 $f(x)=x^3-ax+2$가 다음 조건을 만족시킨다.

> 방정식 $f(x)-4=0$은 세 실근을 갖고 서로 다른 모든 실근의 합은 1이다.

함수 $g(x)=\displaystyle\int_1^x\left\{f(t)+\frac{2}{3}f'(t)\right\}dt$에 대하여 함수 $h(s)$를

$$h(s)=\lim_{h\to 0+}\frac{|g(s+h)|-|g(s-h)|}{2h}\quad (\text{단, } s \text{는 실수})$$

라 하자. 함수 $h(s)$가 $s=\alpha$에서 불연속인 모든 α의 값의 합은? [4점]

① $-\dfrac{14}{3}$　　② -4　　③ $-\dfrac{10}{3}$　　④ $-\dfrac{8}{3}$　　⑤ -2

15.

16. 부등식 $\log_3(x-4) < 4\log_9 4$를 만족시키는 자연수 x의 개수를 구하시오. [3점]

17. $\lim\limits_{x \to 1} \dfrac{f(x)}{x^3-1} = 3$일 때, $\lim\limits_{x \to 1} \dfrac{f(x)-x^2+1}{x-1}$의 값을 구하시오. [3점]

18. 다항함수 $f(x)$가 모든 실수 x에 대하여

$$\int_{-2}^{x} f(t)dt = x^4 - 3ax^2 + bx$$

를 만족시킨다. $f(1)=0$일 때, $\displaystyle\int_{a}^{b} f(x)dx$의 값을 구하시오.

(단, a, b는 상수이다.) [3점]

19. $0 \le x \le 2\pi$에서 정의된 두 함수

$$y = 2\sin^2 x, \quad y = 3\cos x$$

의 그래프가 만나는 두 점을 각각 A, B라 하자.

삼각형 OAB의 넓이를 S라 할 때, $60 \times \dfrac{S}{\pi}$의 값을 구하시오.

(단, O는 원점이다.) [3점]

20. 0이 아닌 두 상수 a, b에 대하여 실수 전체의 집합에서 연속인 함수

$$f(x) = \begin{cases} -3x+3 & (x < 1) \\ a(x-2)^2 + b & (x \ge 1) \end{cases}$$

에 대하여

$$\lim_{h \to 0} \frac{f(m+mh) - f(m-mh)}{h} = f(m)$$

을 만족시키는 서로 다른 m의 값의 개수가 3일 때, $b-a$의 값을 구하시오. [4점]

21. 그림과 같이 $a>1$인 상수 a에 대하여 곡선 $y=a^x$ 위에
두 점 P, Q가 있다. 직선 PQ가 y축과 만나는 점을 A,
두 점 P, Q를 지나며 기울기가 1인 두 직선이 y축과 만나는
점을 각각 B, C라 하자.
$\overline{CQ}=3\overline{BP}$, $3\overline{OA}=2\overline{OB}$이고 직선 PC의 기울기가 -9일 때,
$2\overline{OC}$의 값을 구하시오. (단, O는 원점이다.) [4점]

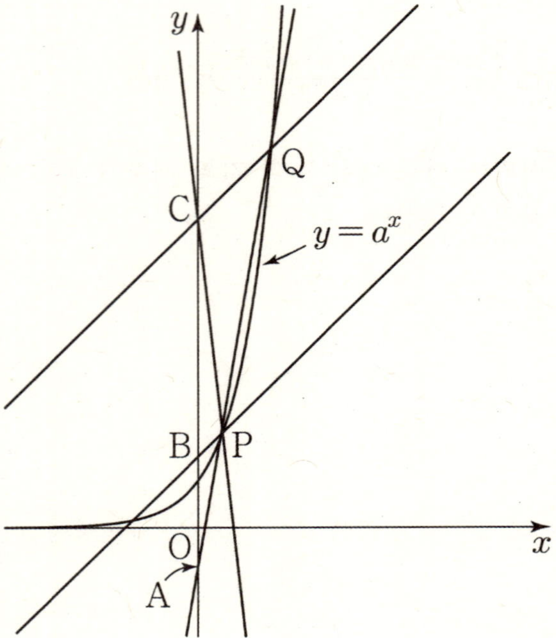

22.

제 2 교시

수학 영역(확률과 통계)

5지선다형

23. 이항분포 $B\left(n, \dfrac{1}{2}\right)$을 따르는 확률변수 X에 대하여

$V(4X+3)=64$일 때, n의 값은? [2점]

① 8   ② 12   ③ 16   ④ 20   ⑤ 24

24. 두 사건 A, B에 대하여

$$P(A \cup B)=\frac{2}{3}, \ P(A \cap B^{C})=\frac{1}{4}$$

일 때, $P(B)$의 값은? (단, B^{C}는 B의 여사건이다.) [3점]

① 8   ② $\dfrac{5}{12}$ ③ $\dfrac{1}{2}$ ④ $\dfrac{7}{12}$ ⑤ $\dfrac{2}{3}$

25. 다항식 $(3x^2+1)+(3x^2+1)^2+(3x^2+1)^3+\cdots+(3x^2+1)^{10}$ 의 전개식에서 x^2 의 계수는? [3점]

① 150   ② 155   ③ 160   ④ 165   ⑤ 170

26. 1학년 학생 2명, 2학년 학생 4명, 3학년 학생 2명이 일정한 간격을 두고 원형의 탁자에 모두 둘러앉을 때, 3학년 학생 2명 사이에는 각각 3명의 학생이 앉고 2학년 학생 4명은 서로 이웃하지 않도록 앉은 경우의 수는? (단, 회전하여 일치하는 것은 같은 것으로 본다.) [3점]

① 24   ② 30   ③ 36   ④ 42   ⑤ 48

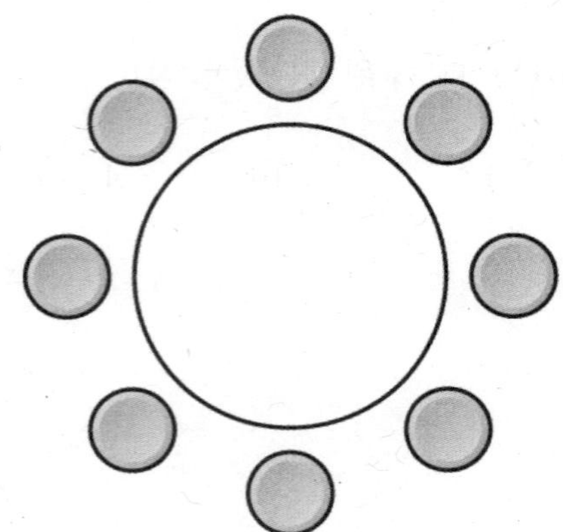

27. 한 개의 주사위를 세 번 던져서 나오는 눈의 수를 차례로 a, b, c라 할 때, $ab \geq c$가 성립할 확률은? [3점]

① 24　　② $\dfrac{3}{4}$　　③ $\dfrac{13}{16}$　　④ $\dfrac{7}{8}$　　⑤ $\dfrac{15}{16}$

28. 한 변의 길이가 2인 정육각형 $A_1A_2A_3A_4A_5A_6$이 있다. 한 개의 주사위를 세 번 던져 나오는 눈의 수를 순서대로 i, j, k라 하자. 삼각형 $A_iA_jA_k$의 넓이를 구하는 시행을 반복할 때, n번째 시행에서 구한 삼각형의 넓이를 a_n이라 하자.

$a_1 + a_2 = 4\sqrt{3}$일 때, $a_1 = a_2$일 확률을 $\dfrac{q}{p}$라 하자.

$p+q$의 값을 구하시오. (단, p와 q는 서로소인 자연수이고, $(i-j)(j-k)(k-i) = 0$일 때, $a_n = 0$이다.) [4점]

① 13　　② 14　　③ 15　　④ 16　　⑤ 17

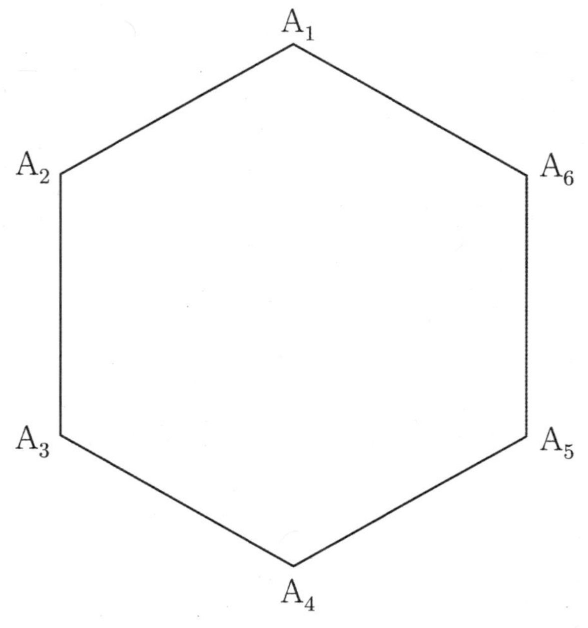

29. 집합 $X = \{1, 2, 3, 4, 5\}$ 에 대하여 다음 조건을 만족시키는 함수 $f : X \to X$ 의 개수를 구하시오. [4점]

> (가) $f(2) + f(3)$ 의 값은 소수이다.
> (나) 집합 X 의 모든 원소 x 에 대하여 $f(x) \geq \sqrt{x}$ 이다.
> (다) 함수 f 의 치역의 원소의 개수는 3이다.

30.

제 2 교시

수학 영역(미적분)

5지선다형

23. $\displaystyle\int_0^1 xe^x\,dx$의 값은? [2점]

① $\dfrac{1}{e^2}$　　② $\dfrac{1}{e}$　　③ 1　　④ e　　⑤ e^2

24. 두 수열 $\{a_n\}$, $\{b_n\}$에 대하여

$$\lim_{n\to\infty}(a_n+2b_n)=\lim_{n\to\infty}\frac{\sqrt{9n^2+4n}+n}{2n+1},$$

$$\sum_{n=1}^{\infty}(3a_n+b_n-6)=2024$$

일 때, $\displaystyle\lim_{n\to\infty}(a_n+b_n)$의 값은? [3점]

① 2　　② 3　　③ 4　　④ 5　　⑤ 6

25. 곡선 $x^3 - xy = 6$ 위의 점 $(a, 1)$에서의 접선의 기울기가 b일 때, ab의 값은? [3점]

① 5　　　② 7　　　③ 9　　　④ 11　　　⑤ 13

26. 그림과 같이 곡선 $y = \dfrac{\ln(x+e)}{\sqrt{x+e}}$ 와 x축, y축 및 직선 $x = e^4 - e$ 로 둘러싸인 부분을 밑면으로 하고 x축에 수직인 평면으로 자른 단면이 모두 정사각형인 입체도형의 부피는? [3점]

① 9　　　② 12　　　③ 15　　　④ 18　　　⑤ 21

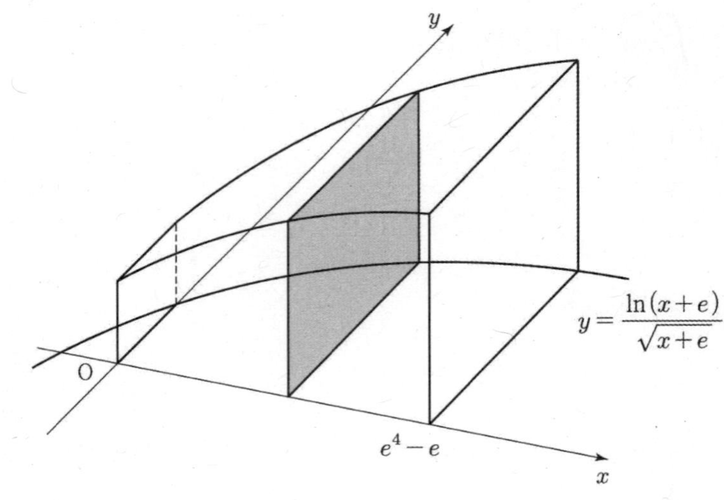

27. 점 $P(1, 0)$에서 곡선 $y = x^2 + t\,(t > 0)$에 그은 두 접선의 접점을 각각 A, B라 하고 삼각형 PAB의 외접원의 넓이를 $S(t)$라 하자. $\displaystyle\lim_{t \to \infty} \frac{S(t)}{t^2} = k\pi$일 때, 상수 k의 값은? [3점]

① 3   ② 4   ③ 5   ④ 6   ⑤ 7

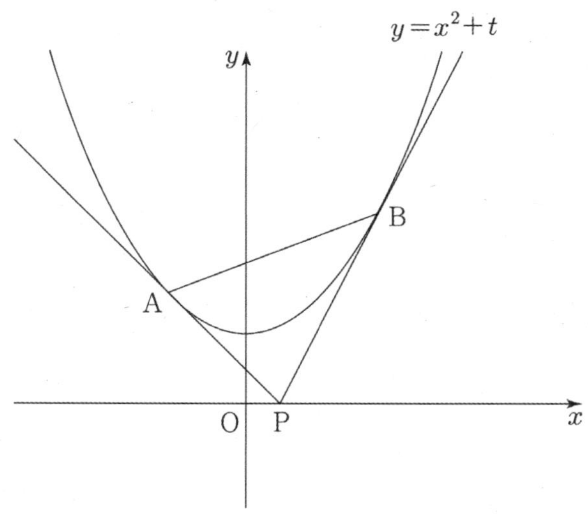

28. 양의 실수 전체의 집합에서 미분가능한 함수 $f(x)$와 $f(x)$의 역함수 $g(x)$가 다음 조건을 만족시킬 때, $\displaystyle\int_1^4 \{g(x)\}^3\, dx$의 값은? [4점]

> (가) $x > 0$일 때 $f'(x) > 0$
> (나) $f'(1) = 2f(1)$
> (다) $t > 0$인 모든 실수 t에 대하여
> $$\int_1^t f(x)\{3x^2 - f(x)\}\, dx = \int_{f(1)}^{f(t)} \{g(x)\}^3\, dx$$

① $\dfrac{56}{5}$ ② $\dfrac{59}{5}$ ③ $\dfrac{62}{5}$ ④ 13 ⑤ $\dfrac{68}{5}$

29. $a < 1$ 인 상수 a 와 최고차항의 계수가 3인 사차함수 $f(x)$ 에 대하여 함수

$$g(x) = \ln\{f(x) + 1\}$$

이 다음 조건을 만족시킬 때, $f(4a)$ 의 값을 구하시오. [4점]

> (가) 함수 $g(x)$ 는 $x \neq a$ 인 모든 실수 x 에서 연속이다.
>
> (나) $\displaystyle\lim_{h \to 0} \frac{|g(t+h)| - |g(t)|}{h}$ 의 값이 존재하지 않는 실수 t 의 값은 a 와 1 뿐이다.

30.

킬러 없는 모의고사 2회 문제지

수학 영역

홀수형

성명 □□□ 수험번호 □□□□□ — □□□□

○ 문제지의 해당란에 성명과 수험번호를 정확히 쓰시오.

○ 답안지의 필적 확인란에 다음의 문구를 정자로 기재하시오.

수고했어 이제 너의 시간이야

○ 답안지의 해당란에 성명과 수험 번호를 쓰고, 또 수험 번호,
  문형 (홀수/짝수), 답을 정확히 표시하시오.

○ 단답형 답의 숫자에 '0'이 포함되면 그 '0'도 답란에 반드시 표시하시오.

○ 문항에 따라 배점이 다르니, 각 물음의 끝에 표시된 배점을 참고하시오.
  배점은 2점, 3점 또는 4점입니다.

○ 계산은 문제지의 여백을 활용하시오.

※ 공통 과목 및 자신이 선택한 과목의 문제지를 확인하고, 답을 정확히 표시하시오.

※ 시험이 시작되기 전까지 표지를 넘기지 마시오.

킬러 없는 모의고사

수학 영역

제 2 교시

5지선다형

1. $\sqrt[3]{4} \times \sqrt[12]{16}$ 의 값은? [2점]

① $\sqrt{2}$　② 2　③ $2\sqrt{2}$　④ 4　⑤ $4\sqrt{2}$

2. $\cos\theta = \dfrac{1}{3}$ 일 때, $\sin\left(\dfrac{7}{2}\pi + \theta\right)$의 값은? [2점]

① -1　② $-\dfrac{2\sqrt{2}}{3}$　③ $-\dfrac{1}{3}$　④ $\dfrac{1}{3}$　⑤ $\dfrac{2\sqrt{2}}{3}$

3. $\displaystyle\int_{-2}^{2}(x^3 + 3x^2 + 5x - 3)\,dx$ 의 값은? [3점]

① 1　② 2　③ 3　④ 4　⑤ 5

4. 다항함수 $f(x)$에 대하여 곡선 $y = x^2 f(x)$ 위의 점 $(2, 8)$에서의 접선의 기울기가 4일 때, 곡선 $y = f(x)$ 위의 점 $(2,\, f(2))$에서의 접선의 y절편은? [3점]

① 1　② 2　③ 3　④ 4　⑤ 5

5. 등비수열 $\{a_n\}$에 대하여

$$a_2 = \frac{1}{3}, \qquad a_3 - a_4 = \frac{1}{12}$$

일 때, a_1의 값은? [3점]

① $\dfrac{1}{4}$ ② $\dfrac{1}{3}$ ③ $\dfrac{2}{3}$ ④ $\dfrac{3}{4}$ ⑤ $\dfrac{5}{6}$

6. $\displaystyle\int_1^4 \left(\frac{7}{2}x^2 - x\right)dx + \int_4^1 \left(\frac{1}{2}x^2 - x\right)dx$ 의 값은? [3점]

① 57 ② 60 ③ 63 ④ 66 ⑤ 69

7. $-\dfrac{\pi}{2} \le x \le \dfrac{\pi}{2}$ 에서 정의된 함수 $f(x) = 2 - 3\sin 2x$가

$x = a$에서 최댓값을 갖고 $x = b$에서 최솟값을 가질 때, 곡선 $y = f(x)$ 위의 두 점 $(a, f(a))$, $(b, f(b))$를 지나는 직선의 기울기는? [3점]

① $-\dfrac{2}{\pi}$ ② $-\dfrac{3}{\pi}$ ③ $-\dfrac{4}{\pi}$ ④ $-\dfrac{6}{\pi}$ ⑤ $-\dfrac{12}{\pi}$

8. 수직선 위를 움직이는 점 P의 시각 t $(t \geq 0)$에서의 위치 $x(t)$가

$$x(t) = t^3 - t^2 - 4t$$

이다. 점 P의 속도가 4가 되는 시각에서의 점 P의 가속도는? [3점]

① 10　　② 12　　③ 14　　④ 16　　⑤ 18

9. 두 자연수 a, b에 대하여 함수 $f(x) = (x-a)(x-b)$가 다음 조건을 만족시킬 때, $a+b$의 값은? [4점]

> $2 \leq n \leq 10$인 자연수 n에 대하여 $f(n)$의 n제곱근 중 양의 실수가 존재하도록 하는 모든 n의 값의 합은 32이다.

① 11　　② 13　　③ 15　　④ 17　　⑤ 19

10. 최고차항의 계수가 1인 삼차함수 $f(x)$와 자연수 k에 대하여 함수

$$g(x) = \begin{cases} \dfrac{(x-2)^k}{f(x)} & (x < 2) \\[2mm] f(x) - 2 & (x \geq 2) \end{cases}$$

가 실수 전체의 집합에서 연속일 때, $f(0)$의 값은? [4점]

① -10　　② -8　　③ -6　　④ -4　　⑤ -2

11. 다음 조건을 만족시키는 공차가 $d\ (d \neq 0)$인 등차수열 $\{a_n\}$에 대하여 모든 $p+q$의 값의 합은? (단, $p,\ q$는 자연수이다.) [4점]

> (가) $|a_1|+|a_2|=2d,\ \ |a_1|+|a_5|=4d$
> (나) $a_p+5a_q=0$

① 6   ② 9   ③ 12   ④ 15   ⑤ 18

12. $f(x)$가 모든 실수 x에 대하여

$$\frac{1}{2}x^2 f(x) = x^4 - ax^3 + \int_1^x t f(t)\,dt$$

를 만족시킨다. $f(0)=6$일 때, $f(a)$의 값은?
(단, a는 상수이다.) [4점]

① -5 ② -4 ③ -3 ④ -2 ⑤ -1

13. 두 함수 $f(x)=2^{x-3}+7$, $g(x)=-2^{-x+3}+7$가 있다. 상수 k에 대하여 직선 $x=k$가 두 함수 $y=f(x)$, $y=g(x)$의 그래프와 만나는 점을 각각 P, Q라 하고, 선분 PQ의 길이가 최소일 때 두 점 P, Q의 위치를 각각 A, B라 하자. 두 점 A와 B, 함수 $y=f(x)$의 그래프 위의 점 C, 함수 $y=g(x)$의 그래프 위의 점 D가 다음 조건을 만족시킨다.

(가) 선분 AB의 중점과 선분 CD의 중점은 일치한다.

(나) 직선 CD의 기울기는 직선 AC의 기울기의 $\dfrac{4}{3}$ 배이다.

사각형 ADBC의 넓이는?

(단, 점 C의 x좌표는 점 A의 x좌표보다 크다.) [4점]

① 2 　② $\dfrac{5}{2}$ 　③ 3 　④ $\dfrac{7}{2}$ 　⑤ 4

14. 두 정수 a $(-8 \le a \le 8)$, b와 $0 \le x \le 2\pi$ 에서 정의된 두 함수

$$f(x)=a\sin bx, \quad g(x)=a\cos bx$$

가 있다. 다음 조건을 만족시키도록 하는 모든 순서쌍 (a, b)에 대하여 $a+b$의 최댓값은? [4점]

(가) $0 \le x \le 2\pi$ 에서 방정식 $f(x)=4$ 의 서로 다른 실근의 개수는 8이다.

(나) $y=f(x)$와 $y=g(x)$의 교점의 x좌표를 작은 수부터 크기순으로 나열한 것을 $x_1, x_2, x_3, \cdots, x_n$이라 하자. 자연수 k에 대하여 $\dfrac{k\pi}{2|b|} < x_{2k-1} < \dfrac{k\pi}{|b|}$ 이고, $x_{2k-1} < t < x_{2k}$를 만족하는 실수 t에 대하여 $f(t) > g(t)$가 성립한다.

---

① 1 　② 2 　③ 3 　④ 4 　⑤ 5

15.

16. 방정식

$$4^{x+1}-7\times2^x-2=0$$

을 만족시키는 실수 x의 값을 구하시오. [3점]

17. 다항함수 $f(x)$에 대하여 $f(3)=2$, $f'(3)=4$일 때, 곡선 $y=xf(x)$ 위의 점 $(3,\,3f(3))$에서의 접선의 기울기를 구하시오. [3점]

18. 함수 $f(x) = \dfrac{2}{3}x^3 + ax^2 - (a^2 - 6a)x$ 가 실수 전체의 집합에서 증가하도록 하는 실수 a의 최댓값을 구하시오. [3점]

19. 모든 항이 양수인 수열 $\{a_n\}$이 모든 자연수 n에 대하여

$$a_{n+1} = \sum_{k=1}^{n} (k+1)a_k$$

를 만족시킨다. $\dfrac{a_6}{a_3}$의 값을 구하시오. [3점]

20. 최고차항의 계수가 1인 사차함수 $f(x)$와 실수 a에 대하여 함수 $g(x)$를

$$g(x) = |f(x-a)| \times \left| \lim_{h \to 0} \frac{f(x+h) - f(x)}{h} \right|$$

라 하자. 두 함수 $f(x)$, $g(x)$가 다음 조건을 만족시킨다.

(가) 두 방정식 $f(x) = 0$과 $f'(x) = 0$은 서로 다른 두 실근을 갖고 $f'(0) = f'(3) = 0$이다.

(나) 함수 $g(x)$는 실수 전체의 집합에서 미분가능하다.

(다) $|f(x)|$는 한 점에서만 미분불가능하다.

이때, 가능한 모든 $g(1)$의 값의 합을 구하시오. [4점]

21. 모든 항의 계수가 정수인 삼차함수 $f(x)$가 다음 조건을
만족시킬 때, $|f(2)|$의 최솟값을 구하시오. [4점]

> (가) $f(-1)=0$, $f'(0)=f(0)$
> (나) $-1<p<0$인 어떤 실수 p에 대하여 $f(p)>0$이고,
> $0<q<1$인 어떤 실수 q에 대하여 $f(q)<0$이다.

22.

수학 영역(확률과 통계)

5지선다형

23. $\left(x+\dfrac{2}{x}\right)^4$ 의 전개식에서 x^2 의 계수는? [2점]

① 8   ② 12   ③ 16   ④ 20   ⑤ 24

24. 두 사건 A, B가 서로 배반사건이고

$$P(A)=\frac{1}{12}, \ P(A\cup B)=\frac{3}{4}$$

일 때, $P(B)$의 값은? [3점]

① $\dfrac{1}{3}$ ② $\dfrac{5}{12}$ ③ $\dfrac{1}{2}$ ④ $\dfrac{7}{12}$ ⑤ $\dfrac{2}{3}$

25. 이산확률변수 X의 확률분포를 표로 나타내면 다음과 같다.

X	0	1	a	합계
$P(X=x)$	$\dfrac{3}{10}$	$\dfrac{1}{5}$	$\dfrac{1}{2}$	1

$E(X^2)=E(X)+6$일 때, a의 값은? (단, $a>1$) [3점]

① $\dfrac{5}{2}$ ② 3 ③ $\dfrac{7}{2}$ ④ 4 ⑤ $\dfrac{9}{2}$

26. 7개의 영문자 S, T, U, D, E, N, T를 일렬로 나열할 때, S, D, E가 모두 이웃하도록 배열하는 경우의 수는? [3점]

① 240 ② 360 ③ 480 ④ 600 ⑤ 720

27. 어느 고등학교에서 각 과목별로 개설된 동영상 강의의 수가 수학 4개, 국어 3개, 과학 1개, 사회 1개이고 모든 학생들은 5개의 강의를 신청해야 한다.

한 학생이 3개의 수학 강의와 1개 이상의 국어 강의를 신청했을 확률은? (각 강의는 모두 서로 다른 강의이며 중복하여 신청할 수 없다.) [3점]

① $\dfrac{2}{7}$　　② $\dfrac{3}{7}$　　③ $\dfrac{4}{7}$　　④ $\dfrac{5}{7}$　　⑤ $\dfrac{6}{7}$

28. 상자 안에 빨간 공 2개와 파란 공 8개가 들어 있다. 상자에서 임의로 공을 한 개 꺼내어 색깔을 확인하고 다시 넣는 시행을 n번 반복할 때, 나온 빨간 공의 개수의 평균을 확률변수 $\overline{X}$라 하자.

z	$P(0 \leq Z \leq z)$
0.98	0.3365
1.47	0.4292
1.96	0.4750
2.25	0.4878

$P\left(0.12 \leq \overline{X} \leq 0.28\right) \geq 0.95$가 성립하도록 하는 n의 최솟값을 오른쪽 표준정규분포표를 이용하여 구한 것은? [4점]

① 94　　② 97　　③ 100　　④ 103　　⑤ 106

29. 1부터 8까지의 자연수가 하나씩 적혀 있는 8장의 카드에서 임의로 한 장의 카드를 뽑을 때, 소수가 적혀 있는 카드를 뽑는 사건을 A라 하자. 다음 조건을 만족시키는 사건 B의 개수를 a_n이라 할 때, $\displaystyle\sum_{n=1}^{8} a_n$ 의 값을 구하시오. [4점]

> (가) 두 사건 A와 B는 서로 독립이다.
> (나) $n(B) = n$

30.

제 2 교시

수학 영역(미적분)

5지선다형

23. $\lim\limits_{n\to\infty}\dfrac{3n^2}{2n^2+n}$ 의 값은? [2점]

① $\dfrac{1}{2}$　　② 1　　③ $\dfrac{3}{2}$　　④ 2　　⑤ $\dfrac{5}{2}$

24. $x>0$ 에서 정의되고 미분가능한 함수 $f(x)$ 에 대하여

$$f'(x)=\begin{cases} \dfrac{1}{x} & (0<x<1) \\[2mm] \sqrt{x} & (x>1) \end{cases}$$

일 때, $3\times\left\{f(e^2)-f\left(\dfrac{1}{e^2}\right)\right\}$ 의 값은? [3점]

① $2e^3+1$　　② $2e^3+2$　　③ $2e^3+3$
④ $2e^3+4$　　⑤ $2e^3+5$

25. 함수 $f(x) = \dfrac{4^x}{2\ln 2}$ 과 실수 전체의 집합에서 미분가능한 함수 $g(x)$ 가

$$g'(1) = 3, \qquad \lim_{h \to 0} \frac{f(g(1+2h)) - f(g(1))}{h} = 24$$

를 만족시킬때, $g(1)$ 의 값은? [3점]

① 1   ② 2   ③ 3   ④ 4   ⑤ 5

26. $0 \leq x \leq 6$ 에서 정의된 함수

$$f(x) = \int_0^x (t^2 - at)e^t dt$$

가 $x = 4$ 에서 최솟값을 가질 때, 함수 $f(x)$ 의 최댓값은? [3점]

① $6(e^6 - 3)$ ② $6(e^6 - 2)$ ③ $6(e^6 - 1)$

④ $6e^6$ ⑤ $6(e^6 + 1)$

27. 수열 $\{a_n\}$이 모든 자연수 n에 대하여

$$a_n = \begin{cases} \dfrac{1}{n(n+2)} & (n\text{이 홀수일 때}) \\[2mm] r^n & (n\text{이 짝수일 때}) \end{cases}$$

이다. $\displaystyle\sum_{n=2}^{\infty} a_n = \dfrac{2}{3}$일 때, 상수 r^2의 값은? [3점]

① $\dfrac{1}{12}$ ② $\dfrac{1}{6}$ ③ $\dfrac{1}{4}$ ④ $\dfrac{1}{3}$ ⑤ $\dfrac{1}{2}$

28. 실수 전체의 집합에서 연속인 두 함수 $f(x)$, $g(x)$가 다음 조건을 만족시킨다.

(가) 모든 실수 x에 대하여 $f(x)-g(x)=x\sin(\pi x)$이다.

(나) $\displaystyle\int_0^8 f(x)\,dx = \dfrac{49}{\pi}$

함수 $h(x)=\dfrac{f(x)+g(x)-|f(x)-g(x)|}{2}$에 대하여

$\pi \times \displaystyle\int_0^8 h(x)\,dx$의 값은? [4점]

① 9 ② 12 ③ 15 ④ 18 ⑤ 21

단답형

29. 함수 $f(x)=\ln(x^2+1)$ 와 $-1<t<1$ 인 실수 t 에 대하여 곡선 $y=f(x)$ 위의 점 $(t,\,f(t))$ 에서 접선의 방정식을 $y=g(x)$ 라 하자. 함수 $y=f(x)-g(x)$ 의 극댓값을 $h(t)$ 라고 할 때, $(e^2+1)h\!\left(\dfrac{1}{e}\right)$ 의 값을 구하시오. [4점]

30.

킬러 없는 모의고사 3회 문제지

수학 영역

홀수형

성명 □□□□ 수험번호 □□□□□ — □□□□

○ 문제지의 해당란에 성명과 수험번호를 정확히 쓰시오.

○ 답안지의 필적 확인란에 다음의 문구를 정자로 기재하시오.

> **매일 행복하진 않지만 행복한 일은 매일 있어**

○ 답안지의 해당란에 성명과 수험 번호를 쓰고, 또 수험 번호,
  문형 (홀수/짝수), 답을 정확히 표시하시오.

○ 단답형 답의 숫자에 '0'이 포함되면 그 '0'도 답란에 반드시 표시하시오.

○ 문항에 따라 배점이 다르니, 각 물음의 끝에 표시된 배점을 참고하시오.
  배점은 2점, 3점 또는 4점입니다.

○ 계산은 문제지의 여백을 활용하시오.

※ 공통 과목 및 자신이 선택한 과목의 문제지를 확인하고, 답을 정확히 표시하시오.

  ○ 공통과목 ·· 1~8 쪽
  ○ 선택과목
    확률과 통계 ·· 9~12 쪽
    미적분 ·· 13~16 쪽

※ 시험이 시작되기 전까지 표지를 넘기지 마시오.

킬러 없는 모의고사

수학 영역

제 2 교시

5지선다형

1. $2^{2+\sqrt{3}} \times \left(\dfrac{1}{2}\right)^{-2+\sqrt{3}}$ 의 값은? [2점]

① 1　　② 2　　③ 4　　④ 8　　⑤ 16

2. $\displaystyle\int_0^a (2x-4)\,dx = 32$ 를 만족시키는 모든 실수 a의 값의 합은?

[2점]

① 0　　② 1　　③ 2　　④ 3　　⑤ 4

3. $\dfrac{\pi}{2} < \theta < \pi$에 대하여 $\cos^2\theta = \dfrac{7}{16}$ 일 때, $\sin(\pi+\theta)$의 값은? [3점]

① $-\dfrac{3}{4}$　　② $-\dfrac{1}{4}$　　③ 0　　④ $\dfrac{1}{4}$　　⑤ $\dfrac{3}{4}$

4. 함수

$$f(x)=\begin{cases} x+2 & (x \le a) \\ x^2 & (x > a) \end{cases}$$

가 실수 전체의 집합에서 연속이 되도록 하는 모든 a의 값의 합은? [3점]

① -2　　② -1　　③ 0　　④ 1　　⑤ 2

5. 함수 $f(x)=x^3+ax+b$에 대하여 곡선 $y=f(x)$ 위의 점 $(0,\ f(0))$에서의 접선이 두 점 $(2,\ 6)$, $(3,\ b+9)$을 모두 지날 때, $a+b$의 값은? (단, a, b는 상수이다.) [3점]

① 3 ② 6 ③ 9 ④ 12 ⑤ 15

6. 함수

$$f(x)=\begin{cases} ax+b & (x<1) \\ 2x^2-x+1 & (x\geq 1) \end{cases}$$

가 실수 전체의 집합에서 미분가능할 때, $a-b$의 값은? (단, a, b는 상수이다.) [3점]

① -2 ② 1 ③ 4 ④ 7 ⑤ 10

7. 함수 $y=2^x$의 그래프를 x축의 방향으로 m만큼 평행이동한 그래프와 $y=\log_2 x+m$의 그래프가 만나는 점의 x좌표가 4일 때, m의 값은? [3점]

① 2 ② $\dfrac{5}{2}$ ③ 3 ④ $\dfrac{7}{2}$ ⑤ 4

8. $f(1)=2$, $f(2)=3$이고 최고차항의 계수가 1인 삼차함수 $f(x)$에 대하여 $f'(x)$가 $x=2$에서 최솟값을 가질 때, $f(3)$의 값은? [3점]

① 4　　　② 5　　　③ 6　　　④ 7　　　⑤ 8

9. 함수 $f(x)=\sin 4x$에 대하여 함수 $y=f(x)$의 그래프를 x축의 방향으로 $\dfrac{\pi}{8}$만큼 평행이동한 그래프를 나타내는 함수를 $y=g(x)$라 하자. $0\le x<\pi$일 때, 방정식 $\{f(x)\}^2=\dfrac{8}{3}g(x)$를 만족시키는 서로 다른 모든 실수 x에 대하여 $\cos 4x$의 값의 합은? [4점]

① $-\dfrac{4}{3}$　　② -1　　③ $-\dfrac{2}{3}$　　④ $-\dfrac{1}{3}$　　⑤ 0

10. 직선 $y=\dfrac{1}{2a}x+\dfrac{2}{a}$는 곡선 $y=\log_a(x+1)$ $(a>1)$과 두 점 A, B에서 만나고, 곡선 $y=\log_a(x+1)$ $(a>1)$의 점근선과 점 C에서 만난다. $3\overline{AC}=\overline{BC}$이고, 점 B의 y좌표가 2일 때, 삼각형 OAB의 넓이는? (단, O는 원점이다.) [4점]

① $\dfrac{1}{2}$　　② 1　　③ $\dfrac{3}{2}$　　④ 2　　⑤ $\dfrac{5}{2}$

11. 다음 조건을 만족시키는 두 자연수 α, β가 존재하도록 하는 모든 자연수 n의 값의 합은? [4점]

> (가) $\alpha^{2n} = \beta^{3n} = 2^{120}$
>
> (나) $\alpha\beta \geq 2^{10}$

① 22　　② 27　　③ 32　　④ 37　　⑤ 42

12. 함수 $f(x) = x^3 - 3x^2 + 3x + 1$에 대하여 $y = f'(x)$는 $x = a$에서 최솟값을 갖는다. 이때, $y = f(x)$ 위의 점 $A(a, f(a))$에서의 접선이 y축과 만나는 점을 $B(0, b)$라 하고 점 $B(0, b)$에서 $y = f(x)$에 접선을 그을 때, 점 $A(a, f(a))$가 아닌 접점을 점 $C(c, f(c))$라 하자. 이때, 삼각형 ABC의 넓이는? [4점]

① $\dfrac{25}{13}$　　② $\dfrac{25}{16}$　　③ $\dfrac{27}{13}$　　④ $\dfrac{27}{16}$　　⑤ $\dfrac{29}{16}$

13. 그림과 같이 반지름이 $\dfrac{8}{7}\sqrt{7}$ 인 원 C에 내접하고

$$\overline{BC}=\overline{AB}=\overline{DA}=4$$

인 사각형 ABCD가 있다. 선분 AC의 중점을 M이라 하고 선분 CD 위의 점 N에 대하여 선분 MN과 선분 BD가 평행할 때, 사각형 BNDA의 넓이는? [4점]

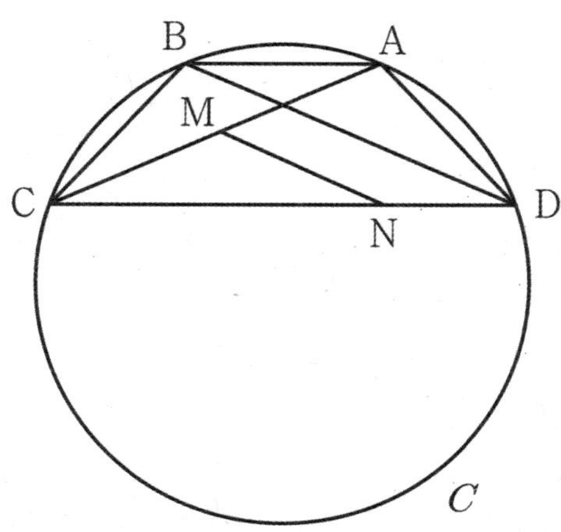

① $3\sqrt{7}$　② $\dfrac{27}{8}\sqrt{7}$　③ $\dfrac{15}{4}\sqrt{7}$　④ $\dfrac{33}{8}\sqrt{7}$　⑤ $\dfrac{35}{8}\sqrt{7}$

14. 집합 $A=\left\{x\,\middle|\,2\cos^2\dfrac{\pi}{2}x>\sin\dfrac{\pi}{2}x+1\right\}$ 에 대하여 실수 전체의 집합에서 정의된 함수

$$f(x)=\begin{cases}\cos\pi x & (x\in A)\\[2mm] 1-\sin\dfrac{\pi}{2}x & (x\not\in A)\end{cases}$$

가 있다. $\displaystyle\sum_{k=1}^{m}kf(2k-1)\geq\sum_{k=1}^{10}kf(2k)$ 를 만족시키는 자연수 m의 최솟값을 p라 할 때, $p+f(p)$의 값은? [4점]

① 11　② 12　③ 13　④ 14　⑤ 15

15.

16. 방정식 $\log_3 x + \log_3 (x-5) = 2\log_3 6$의 실근을 구하시오. [3점]

17. $\displaystyle\sum_{n=2}^{10} \frac{11}{n^2+2n} = \frac{q}{p}$ 일 때, $p+q$의 값을 구하시오.

(단, p와 q는 서로소인 자연수이다.) [3점]

18. 첫째항이 자연수인 수열 $\{a_n\}$이 모든 자연수 n에 대하여

$$a_{n+1} = a_1 \times a_n - k$$

이다. $a_2 = a_3$일 때, $k \times a_5$의 값을 구하시오.
(단, k는 소수이다.) [3점]

19. 함수 $f(x) = \tan\left(\dfrac{a}{2}x + 3b\right)$가 다음 조건을 만족시킬 때,

$\dfrac{8\pi}{ab}$의 값을 구하시오. $\left(\text{단, } a > 0, \ 0 < b < \dfrac{\pi}{6}\right)$ [3점]

(가) 함수 $f(x)$의 주기는 $\dfrac{3}{4}\pi$이다.

(나) 함수 $y = f(x)$의 그래프와 직선 $x = k$가 만나지 않도록
　　하는 양의 실수 k의 최솟값은 $\dfrac{1}{8}\pi$이다.

---

20. 실수 전체의 집합에서 연속인 함수 $f(x)$가 다음 조건을
만족시킨다.

(가) $0 \le x \le 2$일 때,

$$f(x) = \begin{cases} -ax(x-1) & (0 \le x \le 1) \\ 2a(x-1)(x-2) & (1 \le x \le 2) \end{cases}$$

　　(단, $a > 0$)

(나) 모든 실수 x에 대하여 $f(x+2) = f(x)$이다.

함수 $g(x) = \displaystyle\int_x^{x+2} |f(t) - f(x)|\, dt$에 대하여 $g\left(\dfrac{5}{2}\right) + g(2) = 7$일 때,

$g\left(\dfrac{3}{2}\right)$의 값을 구하시오. [4점]

21. 두 함수 $f(x) = \dfrac{1}{2\pi}\tan\pi x$, $g(x) = x - 1$이 있다. 자연수 n에 대하여 함수 $y = f(x)$의 그래프와 함수

$y = g(x - 2n)\left(2n + \dfrac{1}{2} < x < 2n + \dfrac{3}{2}\right)$의 그래프가 만나는 점 중 y좌표가 0이 아닌 두 점을 각각 A_n, B_n이라 하고 두 점 A_n, B_n의 x좌표를 각각 a_n, b_n $(a_n < b_n)$이라 하자. 수열 $\{c_n\}$을 $c_n = a_n + b_n$이라 하고 수열 $\{c_n\}$의 첫째항부터 제n항까지의 합을 S_n이라 할 때, $S_n > 200$을 만족시키는 n의 최솟값을 구하시오. [4점]

22.

＊ 확인 사항

○ 답안지의 해당란에 필요한 내용을 정확히 기입(표기)했는지 확인하시오.

○ 이어서, 「**선택과목(확률과 통계)**」 문제가 제시되오니, 자신이 선택한 과목인지 확인하시오.

제2교시

수학 영역(확률과 통계)

5지선다형

23. 확률변수 X가 이항분포 $B\left(n, \dfrac{1}{4}\right)$을 따르고, $E(X)=20$일 때, n의 값은? [2점]

① 5   ② 20   ③ 40   ④ 80   ⑤ 320

24. 한 개의 동전을 4번 던질 때, 앞면이 나오는 횟수와 뒷면이 나오는 횟수가 다를 확률은? [3점]

① $\dfrac{3}{4}$ ② $\dfrac{5}{8}$ ③ $\dfrac{1}{2}$ ④ $\dfrac{3}{8}$ ⑤ $\dfrac{1}{4}$

25. 어느 모집단의 확률변수 X의 확률분포가 다음 표와 같다.

X	-1	0	1	합계
$\mathrm{P}(X=x)$	a	b	a	1

이 모집단에서 크기가 2인 표본을 임의추출하여 구한 표본평균 $\overline{X}$에 대하여 $\mathrm{P}(\overline{X}=0)=\dfrac{1}{2}$ 일 때, $\mathrm{V}(\overline{X})$의 값은? (단, $ab \neq 0$) [3점]

① $\dfrac{1}{8}$ ② $\dfrac{1}{7}$ ③ $\dfrac{1}{6}$ ④ $\dfrac{1}{5}$ ⑤ $\dfrac{1}{4}$

26. 어썸대학교의 신입생 모집에 5000명의 수험생이 지원하였다. 지원한 수험생은 모두 같은 시험을 치렀으며, 시험 성적은 평균이 83점, 표준편차가 3점인 정규분포를 따른다. 이 시험 성적만으로 합격자를 정하였더니 합격자의 최저점수는 89점이었고 동점자는 없었다. 이 모집에서 합격한 학생들 중 확률과 통계를 수강했던 학생 수가 수강하지 않았던 학생의 수의 3배였을 때, 합격한 학생들 중 확률과 통계를 수강했던 학생은 몇 명인지 오른쪽 표준정규분포표를 이용하여 구한 것은? [3점]

z	$P(0 \leq Z \leq z)$
1.0	0.34
1.5	0.43
2.0	0.48
2.5	0.49

① 50   ② 75   ③ 100   ④ 125   ⑤ 150

27. 1부터 10까지의 자연수 중 하나의 수를 택하는 시행에서
두 사건

$$A = \{x \mid x \text{는 } n \text{과 서로소인 } n \text{과 다른 자연수}\}$$

$$B = \{2, 3\}$$

가 서로 독립이 되도록 하는 10 이하의 모든 자연수 n의 값의
합은? [3점]

① 12 ② 13 ③ 14 ④ 15 ⑤ 16

28. 여섯 명이 둘러앉을 수 있는 원 모양의 탁자와 세 학생 A,
B, C를 포함한 9명의 학생이 있다. 이 9명의 학생 중에서 A,
B, C를 포함하여 6명을 선택하고 이 6명의 학생 모두를
일정한 간격으로 탁자에 둘러앉게 할 때, A, B, C 세 명의
학생이 모두 서로 이웃하게 되는 경우의 수는?
(단, 회전하여 일치하는 것은 같은 것으로 본다.) [4점]

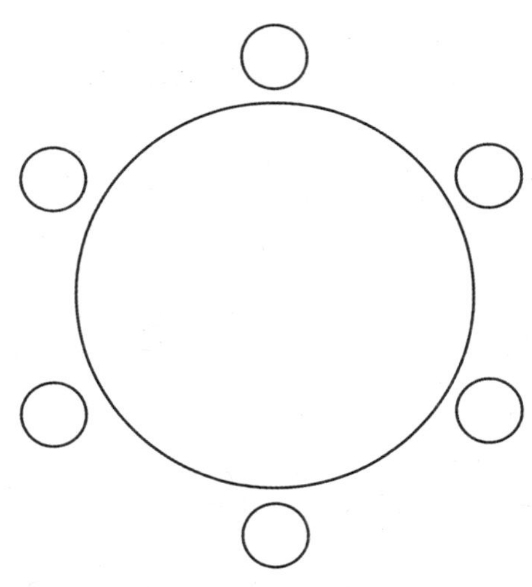

① 630 ② 660 ③ 690 ④ 720 ⑤ 750

단답형

29. 주머니 속에서 숫자 1, 2, 3, 4가 하나씩 적힌 4장의 흰색 카드와 숫자 3, 4, 5, 6이 하나씩 적힌 4장의 검은색 카드가 들어있다. 갑이 이 주머니에서 임의로 2장의 카드를 뽑고 을이 남은 6장의 카드 중에서 임의로 2장의 카드를 뽑는다. 뽑힌 카드에 적힌 4개의 수의 곱이 짝수일 때, 갑이 뽑은 카드에 적힌 2개의 수의 합이 6일 확률은 $\dfrac{q}{p}$이다. $p+q$의 값을 구하시오. (단, p와 q는 서로소인 자연수이다.) [4점]

30.

* 확인 사항

○ 답안지의 해당란에 필요한 내용을 정확히 기입(표기)했는지 확인하시오.

○ 이어서, 「**선택과목(미적분)**」 문제가 제시되오니, 자신이 선택한 과목인지 확인하시오.

제2교시

수학 영역(미적분)

5지선다형

23. $\lim\limits_{x \to 0} \dfrac{e^{2x}-1}{3x^2+6x}$ 의 값은? [2점]

① $\dfrac{1}{6}$　　② $\dfrac{1}{3}$　　③ $\dfrac{1}{2}$　　④ $\dfrac{5}{4}$　　⑤ $\dfrac{3}{2}$

24. 함수 $f(x)$의 도함수 $f'(x)$가 $f'(x)=x\sin x$이다.

함수 $y=f(x)$의 그래프가 원점을 지날 때, $f\left(\dfrac{\pi}{2}\right)$의 값은? [3점]

① 1　　② $\dfrac{\pi}{2}$　　③ 3　　④ π　　⑤ 4

25. 곡선 $y=xe^{x^2}$ 과 x 축 및 직선 $x=1$ 로 둘러싸인 부분의 넓이는? [3점]

① $\dfrac{e-1}{8}$　② $\dfrac{e+1}{8}$　③ $\dfrac{e-1}{4}$　④ $\dfrac{e+1}{4}$　⑤ $\dfrac{e-1}{2}$

26. 매개변수 $t\,(t>0)$ 으로 나타내어진 곡선

$$x=e^{-t}\sin t,\ y=e^{-t}\cos t$$

에 대하여 $t=0$ 에서 $t=k$ 까지 곡선의 길이가 $\dfrac{3\sqrt{2}}{4}$ 일 때, 양수 k 의 값은? [3점]

① $\ln 3$　② $\ln 4$　③ $\ln 5$　④ $\ln 6$　⑤ $\ln 7$

27. 실수 전체의 집합에서 이계도함수를 갖는 함수 $f(t)$에 대하여 좌표평면 위를 움직이는 점 P의 시각 $t\,(t \geq 0)$에서의 위치 $(x,\,y)$가

$$\begin{cases} x = f(t) \\ y = 4\sqrt{e^t} \end{cases}$$

이다. 점 P가 점 $(f(0),\,4)$로부터 움직인 거리가 s가 될 때 시각 t와 거리 s는 $\ln|s-t+1|=t$를 만족한다. $t=2$일 때 점 P의 속도는 $(1-e^2,\,2e)$이다. 시각 $t=4$일 때, 점 P의 가속도를 $(a,\,b)$라 할 때, ab의 값은? [3점]

① $-e^6$　　② $-e^7$　　③ $-e^8$　　④ $-e^9$　　⑤ $-e^{10}$

28. 모든 자연수 n에 대하여 수열 $\{a_n\}$은

$$a_{n+1} = \begin{cases} a_n + p & (a_n \leq 0) \\ -\dfrac{1}{2}a_n & (a_n > 0) \end{cases}$$

이고, $a_2 = -2$, $a_3 + a_5 = \dfrac{7}{2}$이다.

$$\sum_{n=1}^{\infty} (a_{2n-1} - 2) = -2 \sum_{n=1}^{\infty} (a_{2n} + 1)$$

일 때, $p \times a_1 \times a_5$의 값은? [4점]

① 24　　② 26　　③ 28　　④ 30　　⑤ 32

29. 양수 a에 대하여 함수 $f(x)$를

$$f(x) = \begin{cases} -x^2 + ax & (x \le 0) \\ \dfrac{2\ln x}{x} & (x > 0) \end{cases}$$

라 하자. 임의의 양수 t에 대하여 x에 대한 방정식
$xf(t) = tf(x)$의 서로 다른 실근의 개수를 $g(t)$라 하자.
$g(k) < \lim\limits_{t \to k-} g(t)$를 만족시키는 양수 k가 오직 하나 존재할 때,
ak^2의 최솟값을 구하시오. $\left(\text{단, } \lim\limits_{x \to \infty} \dfrac{\ln x}{x} = 0 \text{이다.}\right)$ [4점]

30.

* 확인 사항

o 답안지의 해당란에 필요한 내용을 정확히 기입(표기)했는지 확인
하시오.

킬러 없는 모의고사 4회 문제지

수학 영역

홀수형

성명		수험번호	—

○ 문제지의 해당란에 성명과 수험번호를 정확히 쓰시오.

○ 답안지의 필적 확인란에 다음의 문구를 정자로 기재하시오.

맑은 마음을 담는다

○ 답안지의 해당란에 성명과 수험 번호를 쓰고, 또 수험 번호,
문형 (홀수/짝수), 답을 정확히 표시하시오.

○ 단답형 답의 숫자에 '0'이 포함되면 그 '0'도 답란에 반드시 표시하시오.

○ 문항에 따라 배점이 다르니, 각 물음의 끝에 표시된 배점을 참고하시오.
배점은 2점, 3점 또는 4점입니다.

○ 계산은 문제지의 여백을 활용하시오.

※ 공통 과목 및 자신이 선택한 과목의 문제지를 확인하고, 답을 정확히 표시하시오.

※ 시험이 시작되기 전까지 표지를 넘기지 마시오.

킬러 없는 모의고사

수학 영역

제 2 교시

5지선다형

1. $\dfrac{3^{1+\log_3 2}}{3^{1-\log_3 2}}$ 의 값은? [2점]

① 1　　② 2　　③ 4　　④ 8　　⑤ 9

2. $\displaystyle\int_1^2 (4x^3-2)\,dx$ 의 값은? [2점]

① 13　　② 15　　③ 17　　④ 19　　⑤ 21

3. 등비수열 $\{a_n\}$에 대하여 $a_3=5$, $a_2 a_5=10$ 일 때, a_4의 값은? [3점]

① 1　　② 2　　③ 4　　④ 8　　⑤ 16

4. 함수 $y=f(x)$의 그래프가 다음 그림과 같다.

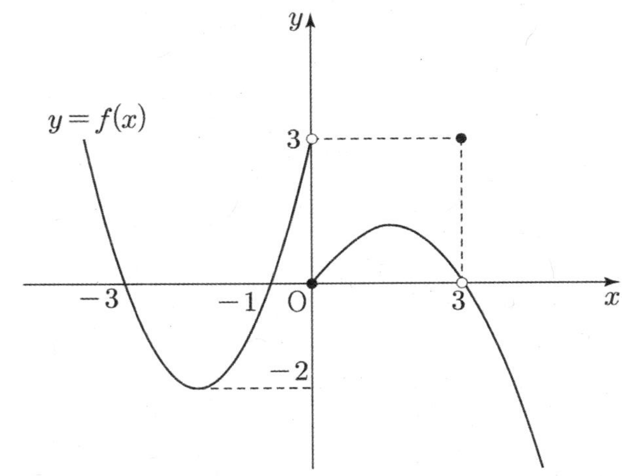

$\displaystyle\lim_{x\to 0+} f(x)=a$ 일 때, $\displaystyle\lim_{x\to a-} f(x)$의 값은? [3점]

① -3　　② -1　　③ 0　　④ 1　　⑤ 3

5. $\tan\theta = \dfrac{3}{2}$ 일 때, $\displaystyle\sum_{k=1}^{4}\tan\left(\dfrac{k\pi}{2}+\theta\right)$ 의 값은? [3점]

① 1 　　② $\dfrac{4}{3}$ 　　③ $\dfrac{5}{3}$ 　　④ 2 　　⑤ $\dfrac{7}{3}$

6. 삼차방정식 $x^3 - \dfrac{3}{2}x^2 - 6x + a = 0$의 서로 다른 실근의 개수가 2가 되도록 하는 모든 상수 a의 값의 곱은? [3점]

① -40 　　② -35 　　③ -30 　　④ -25 　　⑤ -20

7. 방정식 $|2^x - 4| \times 2^x = 1$의 서로 다른 세 실근이 α, β, γ일 때, $\alpha + \beta + \gamma$의 값은? [3점]

① $\log_2(1+\sqrt{5})$ 　　② $\log_2(2+\sqrt{5})$ 　　③ $\log_2(3+\sqrt{5})$
④ $\log_4(1+\sqrt{5})$ 　　⑤ $\log_4(2+\sqrt{5})$

8. 두 함수 $f(x)=x^3-2x+a$, $g(x)=x^2+2x+1$ 에 대하여

$\lim\limits_{h\to 0}\dfrac{f(2h)g(2h)-1}{h}=b$ 이다. $f(b)+g(a)$ 의 값은? [3점]

① 1   ② 2   ③ 3   ④ 4   ⑤ 5

9. $\sqrt{10}<a<10\sqrt{10}$ 인 양수 a에 대하여 $\dfrac{1}{3}+\log\sqrt{a}$ 의 값이

자연수가 되도록 하는 a의 값은? [4점]

① $\sqrt[3]{100}$ ② $\sqrt[6]{10^5}$ ③ 10
④ $10\sqrt[6]{10}$ ⑤ $10\sqrt[3]{10}$

10. 직선 $y=\left(-\dfrac{1}{2}\right)^{n-1}\times n^2 x$ (단, $n=1,\ 2,\ 3,\ 4$)와 원점을

중심으로 하고 반지름의 길이가 1인 원이 제n사분면에서
만나는 점을 각각 P, Q, R, S라 하자.
직선 OP, OQ, OR, OS가 x축의 양의 방향과 이루는 각의
크기를 각각 $\alpha,\ \beta,\ \gamma,\ \delta$ 라 할 때,

$$\dfrac{\sin(\pi+\alpha)\times\tan\left(\dfrac{1}{2}\pi-\beta\right)}{\tan(\pi+\gamma)\times\cos\left(\dfrac{3}{2}\pi+\delta\right)}=a$$

이다. a의 값은? [4점]

① $-\dfrac{\sqrt{10}}{6}$ ② $-\dfrac{\sqrt{2}}{5}$ ③ $-\dfrac{\sqrt{2}}{9}$
④ $-\dfrac{3}{18}$ ⑤ $-\dfrac{\sqrt{10}}{18}$

11. 함수

$$f(x)=x^4-4x^3+4x^2+(a-1)x+10$$

이 서로 다른 2개의 극값을 가질 때, $f(a)$의 값은? [4점]

① 9 ② 10 ③ 11 ④ 12 ⑤ 13

12. 공차가 음수인 등차수열 $\{a_n\}$의 첫째항부터 제n항까지의 합을 S_n이라 하자. $S_m=0$인 자연수 m이 존재할 때, $S_p=S_q$을 만족시키는 모든 순서쌍 $(p,\ q)$의 개수를 b_m이라 하자.

$\displaystyle\sum_{m=1}^{30} b_m$의 값은? (단, $p,\ q$는 자연수이고 $p<q$이다.) [4점]

① 200 ② 205 ③ 210 ④ 215 ⑤ 220

13. 다항함수 $f(x)$가 다음 조건을 만족시킨다.

> (가) 모든 실수 x에 대하여
> $$\int_0^x \{f(t)+xf'(t)\}dt = xf(x)+\frac{1}{3}x^3+ax^2+bx \text{이다.}$$
> (나) 방정식 $f(x)=0$의 모든 근의 합은 -4이다.

함수 $|f(x)|$의 극댓값이 4일 때, $f(2a-b)$의 값은? [4점]

① 34　　　② 32　　　③ 30　　　④ 28　　　⑤ 26

14. 수열 $\{a_n\}$은 모든 자연수 n에 대하여

$$a_{n+2}=\begin{cases} a_n+2a_{n+1} & (a_n \le a_{n+1}) \\ \dfrac{1}{2}a_n+a_{n+1} & (a_n > a_{n+1}) \end{cases}$$

을 만족시킨다. $a_3=1$, $a_6=17$이 되도록 하는 모든 a_1의 값의 합은? [4점]

① -8　　　② -7　　　③ -1　　　④ 1　　　⑤ 7

15.

16. $\log_2 9 \times \log_{\sqrt{3}} 4$ 의 값을 구하시오. [3점]

17. 다항함수 $f(x)$의 그래프 위의 점 $(1,\ 2)$에서의 접선의 기울기가 10이다. 함수 $g(x)=xf(x)$에 대하여 $g'(1)$의 값을 구하시오. [3점]

18. 열린구간 $(0,\ 2\pi)$에서 방정식 $\sin^2 x = \dfrac{1}{16}$의 모든 실근의 합이 $a\pi$일 때, a의 값을 구하시오. [3점]

19. 실수 m에 대하여 직선 $y = mx - 1$와 함수

$$f(x) = \begin{cases} \dfrac{1}{4}x^2 & (x < 4) \\ -x + 8 & (x \geq 4) \end{cases}$$

의 그래프의 교점의 개수를 $g(m)$이라 하자. 최고차항의 계수가 1인 삼차함수 $h(x)$에 대하여 함수 $g(x)h(x)$가 실수 전체의 집합에서 연속일 때, $h(5)$의 값을 구하시오. [3점]

20. $0 \leq x < 2\pi$일 때, 함수 $f(x) = \cos x$에 대하여 방정식 $f(|\,f(2x)\,|) = k\ (\cos 1 < k < 1)$의 서로 다른 실근의 개수가 n이고 모든 서로 다른 실근의 합은 $a\pi$이다. na의 값을 구하시오. (단, $\pi > 1$이고 a, b, k는 상수이다.) [4점]

21. 함수 $f(x)=|x-a|^3$에 대하여 함수 $g(x)$

$$g(x)=\int_0^x \{f(t)-|f(t)-1|\}\,dt$$

가 다음 조건을 만족시킬 때, $60a$의 값을 구하시오.
(단, a는 양수이다.) [4점]

> 방정식 $g(x)=0$은 서로 다른 세 실근을 갖고, 세 실근은
> 크기순으로 등차수열을 이룬다.

22.

> * 확인 사항
>
> ○ 답안지의 해당란에 필요한 내용을 정확히 기입(표기)했는지 확인
> 하시오.
>
> ○ 이어서, 「**선택과목(확률과 통계)**」 문제가 제시되오니, 자신이
> 선택한 과목인지 확인하시오.

제 2 교시

수학 영역(확률과 통계)

5지선다형

23. 확률변수 X가 이항분포 $B\left(120, \dfrac{1}{3}\right)$을 따를 때, $E(X)$의 값은? [2점]

① 20　　② 30　　③ 40　　④ 50　　⑤ 60

24. 두 사건 A, B가 서로 배반사건이고,

$$P(A)=\frac{1}{3}, \quad P(A \cup B)=\frac{3}{4}$$

일 때, $P(B)$의 값은? [3점]

① $\dfrac{1}{3}$　　② $\dfrac{5}{12}$　　③ $\dfrac{1}{2}$　　④ $\dfrac{7}{12}$　　⑤ $\dfrac{2}{3}$

25. $\left(\sqrt{x}+\dfrac{2}{x}\right)^{9}$ 의 전개식에서 상수항은? [3점]

  ① 432   ② 492   ③ 552   ④ 612   ⑤ 672

26. 확률변수 X는 평균이 m, 표준편차가 σ인 정규분포를 따르고

$$\mathrm{P}(X \leq m+10)=0.5+\mathrm{P}(20-m \leq X \leq m)$$

을 만족시킨다. 실수 전체의 집합에서 정의된 함수 $F(t)$를

$$F(t)=\mathrm{P}(t \leq X \leq t+5)$$

이라 하자. $F(t)$의 최댓값이 0.9876일 때, $m+\sigma$의 값을 오른쪽 표준정규분포표를 이용하여 구한 것은? [3점]

z	$P(0 \leq Z \leq z)$
1.0	0.3413
1.5	0.4332
2.0	0.4772
2.5	0.4938

  ① 12   ② 13   ③ 14   ④ 15   ⑤ 16

27. 다연이를 포함한 3명의 학생에게 검은색 볼펜 4개,
파란색 볼펜 3개, 빨간색 볼펜 2개를 남김없이 나누어 줄 때,
3가지 색의 볼펜을 각각 한 자루 이상씩 받은 학생이 다연이
뿐이도록 나누어 주는 경우의 수는? (단, 같은 색 볼펜끼리는
서로 구별되지 않고, 볼펜을 받지 못하는 학생이 있을 수
있다.) [3점]

① 144　　② 146　　③ 148　　④ 150　　⑤ 152

28. 1부터 12까지의 자연수 중에서 임의로 서로 다른 3개의
수를 선택한다. 선택한 수의 곱이 6의 배수일 때, 그 수의
합이 3의 배수일 확률은? [4점]

① $\dfrac{11}{37}$　　② $\dfrac{12}{37}$　　③ $\dfrac{13}{37}$　　④ $\dfrac{14}{37}$　　⑤ $\dfrac{15}{37}$

단답형

29. 갑과 을은 바둑돌을 각각 12개씩 가지고 아래의 규칙으로
가위, 바위, 보를 한다.

> (가) 한 번의 가위, 바위, 보에서 이긴 사람은 상대의 바둑돌
>   2개를 가져온다.
> (나) 비길 경우는 각각 바둑돌을 1개씩 추가한다.

위와 같은 방법으로 가위 바위 보를 여섯 번 할 때, 갑이
18개의 바둑돌을 가지게 될 확률은 $\dfrac{q}{p}$ 이다. 이 때, $p+q$의
값을 구하시오. (단, p와 q는 서로소인 자연수이다.) [4점]

30.

---

* 확인 사항

○ 답안지의 해당란에 필요한 내용을 정확히 기입(표기)했는지 확인
하시오.

○ 이어서, 「**선택과목(미적분)**」 문제가 제시되오니, 자신이 선택한
과목인지 확인하시오.

제 2 교시

수학 영역(미적분)

5지선다형

23. $\lim\limits_{n\to\infty}\dfrac{1}{\sqrt{n^2+n}-\sqrt{n^2-2n}}$ 의 값은? [2점]

① $\dfrac{1}{6}$　　② $\dfrac{1}{4}$　　③ $\dfrac{1}{3}$　　④ $\dfrac{1}{2}$　　⑤ $\dfrac{2}{3}$

24. 수열 $\{a_n\}$의 일반항을

$$a_n=\left(3-\frac{|k|}{2}\right)^n$$

이라 하자. 수열 $\{a_n\}$이 수렴하도록 하는 모든 정수 k의 개수는? [3점]

① 4　　② 8　　③ 12　　④ 16　　⑤ 20

25. 곡선 $y = e^{-x^2}\ (x > 0)$의 변곡점에서의 접선의 기울기는? [3점]

① $-\dfrac{\sqrt{e}}{4}$　　② $-\dfrac{\sqrt{2e}}{e}$　　③ $-\dfrac{\sqrt{3e}}{2e}$

④ $-\dfrac{\sqrt{e}}{e}$　　⑤ -1

26. 매개변수 t로 나타내어진 곡선

$$x = 3t - \sin t,\ y = 3 - \cos t$$

가 있다. 이 곡선 위의 $t = \theta$에 대응하는 점을 P라 하고, 점 P에서의 접선을 직선 l이라 하자. 점 P를 지나고 직선 l에 수직인 직선이 x축과 만나는 점의 좌표가 $(\pi,\ 0)$일 때, 직선 l의 기울기는? [3점]

① $\dfrac{\sqrt{3}}{5}$　② $\dfrac{\sqrt{3}}{4}$　③ $\dfrac{\sqrt{3}}{3}$　④ $\dfrac{\sqrt{3}}{2}$　⑤ $\sqrt{3}$

27. 함수 $f(x)=(x^2+ax+5)e^x$이 극값을 갖지 않도록 하는 정수 a의 개수는? [3점]

① 6   ② 7   ③ 8   ④ 9   ⑤ 10

28. 두 수열 $\{a_n\}$, $\{b_n\}$은 모든 자연수 n에 대하여

$$a_n = \frac{(-1)^n}{n} \,,\; b_n = \begin{cases} a_n & (a_n \geq a_{n+1}) \\ a_{n+1} & (a_n < a_{n+1}) \end{cases}$$

을 만족시킨다. 모든 자연수 m에 대하여

$$S_m = \lim_{n \to \infty} \sum_{k=1}^{m} \frac{\left(\frac{7}{8}+b_k\right)^{n+1}}{\left(\frac{7}{8}+b_k\right)^{n}+1}$$

이라 하고, $S_m < S_{m+1}$을 만족시키는 m의 최댓값을 p라 할 때, S_p의 값은? [4점]

① $\dfrac{83}{12}$ ② $\dfrac{85}{12}$ ③ $\dfrac{29}{4}$ ④ $\dfrac{89}{12}$ ⑤ $\dfrac{91}{12}$

단답형

29. 최고차항의 계수가 3인 이차함수 $f(x)$에 대하여

실수 전체의 집합에서 연속인 함수 $g(x) = f(x) + \dfrac{64}{f(x)}$ 가

다음 조건을 만족시킨다.

(가) 함수 $y = g(x)$의 그래프는 y축에 대하여 대칭이다.

(나) $g'(0) + g'(1) = 0$

$0 < t < 4$인 실수 t에 대하여

함수 $h(t) = \displaystyle\int_0^4 \left| \{f(x)\}^2 + 64 - f(x)g(t) \right| dx$ 는 $t = \alpha$에서

최솟값을 가질 때, $f(\alpha)$의 값을 구하시오. [4점]

30.

---

* 확인 사항

○ 답안지의 해당란에 필요한 내용을 정확히 기입(표기)했는지 확인

　하시오.